미래를 읽다 과학이슈 11

Season 16

미래를 읽다 과학이슈 11 *Season 16*

초판 1쇄 발행   2025년 1월 30일

글쓴이   김필수 외 10명
편집   이충환
디자인   이재호

펴낸이   이경민
펴낸곳   ㈜동아엠앤비
출판등록   2014년 3월 28일(제25100-2014-000025호)
주소   (03972) 서울특별시 마포구 월드컵북로22길 21 2층
홈페이지   www.dongamnb.com
전화   (편집) 02-392-6901 (마케팅) 02-392-6900
팩스   02-392-6902
이메일   damnb0401@naver.com
SNS   🄵 🄾 🄱🄻🄾🄶

ISBN 979-11-6363-927-5 (04400)

미래를 읽다 과학이슈 11

과학이슈 11

11

Season 16

김필수 외 10명 지음

동아 엠앤비

우주항공청 출범, 위고비 신드롬에서 자동차 급발진까지 최신 과학이슈를 말하다!

들어가며

한국판 NASA로 주목받는 우주항공청 출범, 획기적 비만치료제로 떠오른 위고비 신드롬, 자동차 급발진 논란, SNS로 인한 도파민 중독 등 수많은 이슈가 2024년을 떠들썩하게 만들었다. 이번 『과학이슈 11 시즌 16』에서는 이런 이슈들을 다양한 각도에서 살펴보며 과학적 설명과 해결 방안을 심층적으로 제시했다.

2024년 5월 27일 경남 사천시에 미국항공우주국(NASA)과 비슷한 역할을 하는 '우주항공청(KASA)'이 출범했다. 우주항공청 출범 이후 미국은 물론 다양한 국가와 협업 소식도 들려오고, 재사용 발사체 개발, 달 및 화성 착륙선 개발 등의 야심 찬 계획도 발표했다. 우주항공청은 한국의 우주개발을 이끌며 우주로 향한 관문을 제대로 열 수 있을까?

최근 전 세계에서 '위고비 신드롬'이 불고 있다. 위고비는 해외 유명 인사들의 체중 감량 성공 비결로 알려지면서 '기적의 비만치료제'로 주목받기 시작했다. 2024년 10월 15일, 한국에도 드디어 획기적 비만치료제 위고비가 상륙했다. 출시되자마자 품귀 현상이 빚어지고 있다. 위고비는 기존 비만치료제와 어떤 차이가 있기에 이토록 열풍을 일으키는 걸까?

2024년 7월 1일 밤 서울 중구 시청역 인근 교차로에서 60대 운전자가 몰던 차량이 인도로 돌진해 9명의 목숨을 앗아가는 안타까운 사고가 발생했다. 운전자는 급발진 때문에 사고가 난 것이라고 주장했지만 페달 오조작 가능성이 언급되며 논쟁이 일었다. 자동차 급발진 사고는 왜 발생할까? 급발진 사고에 어떻게 대처할 수 있을까?

서울대 트렌드분석센터가 2024년 한국 소비 트렌드 10대 키워드 중 하나로 '도파밍'을 선정했다. 도파밍은 신경전달물질인 도파민이 샘솟을 만큼 '재밌고 자극적인 것'을 추구하는 행위를 뜻한다. 인류는 언제나 재밌고 자극적인 것을 추구하며 살아왔는데, 왜, 2024년 새삼스럽게 도파민을 추구하는 행위가 트렌드로 꼽혔을까?

2024년 8월 일론 머스크의 또 다른 회사 뉴럴링크(Neuralink)는 사지 마비 환자 알렉스의 뇌에 칩을 이식했다. 이 칩은 '뇌-컴퓨터 인터페이스(BCI)' 기술이 적용된 것인데, 알렉스는 칩을 이식한 후 컴퓨터를 제어하거나 게임 플레이 같은 일상 작업을 생각만으로 수행할 수 있게 됐다. BCI 기술은 현재 어디까지 왔고, 앞으로 어디까지 발전할까?

챗GPT를 선보이며 생성형 AI 열풍을 일으킨 오픈AI는 이후 새로운 AI 모델과 서비스를 선보

이고 있다. 챗GPT의 기반이 된 GPT-3.5 모델을 개선한 GPT-4에 이어 2024년 5월에는 특히 '멀티 모달' 기능에 초점을 맞춘 새 모델 GPT-4o를 공개했다. 구글은 자사 대표 AI 모델 '제미니'로 맞서고 있다. 미래의 AI 혁명은 누가 주도할까?

2024년은 최초의 공룡 '메갈로사우루스'가 학계에 보고된 지 200주년이 되는 해였다. 200년간 공룡 연구는 어떻게 진행됐을까? 19세기 미국에서 마시와 코프가 25년간 벌인 '뼈 전쟁', 20세기 중반 이후의 공룡 연구 르네상스, 공룡의 깃털과 색깔 및 감각 등에 관한 최신 연구까지 자세히 살펴본다.

최근 네안데르탈인에 대해 다양한 연구결과가 잇달아 쏟아지고 있다. 유럽을 비롯한 서구에서는 오래전부터 네안데르탈인을 호전적인 야만인으로 묘사했지만, 요즘 이런 인식이 바뀌고 있다. 고고학 유적과 고유전자를 분석해보니, 과거 생각과 다른 높은 수준의 문화와 신체적 특성이 드러났다. 네안데르탈인은 어떤 모습이었고 어떻게 살았을까?

이 외에도 2024 파리올림픽을 통해 경기력을 향상시키는 각종 과학기술, 일반 번개보다 1000배 이상 규모가 크고 대기 상층부에서 치는 메가 번개, 한강 작가의 노벨 문학상 수상으로 주목받은 2024년 노벨상에서 과학 분야의 연구성과(AI 머신러닝 토대, 단백질 구조 설계·예측, 마이크로RNA 발견) 등이 최근 관심을 끌었던 주요 과학이슈였다.

요즘에는 과학적으로 중요한 이슈, 과학적인 해석이 필요한 굵직한 이슈가 급증하고 있다. 이런 이슈들을 심층 분석하기 위해 전문가들이 머리를 맞댔다. 과학 전문기자, 과학 칼럼니스트, 관련 분야의 연구자 등이 최근 주목해야 할 과학이슈 11가지를 선정했다. 이 책에 소개된 11가지 과학이슈를 읽다 보면, 관련 이슈가 우리 삶에 어떤 영향을 미칠지, 그 이슈가 앞으로 어떻게 발전할지, 그로 인해 우리 미래는 어떻게 바뀔지 생각하는 힘을 키울 수 있다. 이를 통해 사회현상을 깊이 고민하다 보면, 일반교양을 쌓을 수 있는 것은 물론이고 각종 논술이나 면접 등을 대비하는 데도 다방면으로 도움을 얻을 수 있다고 확신한다.

2025년 1월 편집부

ISSUE

11

contents

1

우주항공청 출범

원호섭

고려대 신소재공학부에서 공부했고, 대학 졸업 뒤 현대자동차 기술연구소에서 엔지니어로 근무했다. 이후 동아사이언스 뉴스팀과 《과학동아》 팀에서 일하며 기자 생활을 시작했다. 매일경제 과학기술부, 산업부, 증권부를 거쳐 현재 디지털테크부 미라클랩에서 스타트업을 취재하고 있다. 지은 책으로는 『국가대표 공학도에게 진로를 묻다(공저)』, 『과학, 그거 어디에 써먹나요?』, 『과학이슈11 시리즈(공저)』 등이 있다.

드디어 '문'을 연 한국판 NASA, 우주 '문'도 열 수 있을까

우주항공청 임시청사가 들어선
경남 사천시의 9층 건물.
© 사천시

◆ '한국판 NASA 문 열었다.'

2024년 5월 27일. 우주항공청 임시청사가 개청한 경상남도 사천시 사남면의 9층 건물 앞은 이른 아침부터 많은 기자들로 북적였다. '한국판 NASA'라는 꼬리표 때문인지 다른 '청'과 비교했을 때 유독 언론은 물론 국민의 관심을 많이 받은 우주항공청. 초대 청장에 내정된 윤영빈 청장은 출근 첫날 입구에서 기자들과 만나 "수많은 우주 항공인의 염원으로 우주청이 개청해 기쁘면서도 무거운 책임감을 느낀다"라며 "우주청 설립이 민간주도의

2024년 5월 27일
우주항공청이 개청한 날 윤영빈
초대 청장이 출근길 기자들의
질문에 답하고 있다.
ⓒ 우주항공청

우주산업 생태계 조성을 통해 우리나라를 본격 우주경제 강국으로 이끄는 중요한 디딤돌이 될 것"이라고 말했다.

　　우주청과 관련된 보도는 '희망'과 '기대'를 전제로 하고 있다. '우주'라는 단어가 가진 매력과 함께 최근 우주산업이 빠르게 성장하면서 우주항공청이 한국도 이러한 미래에 대응해 나갈 수 있는 구심점이 되리란 기대감 때문이다. 벌써 우주항공청 개청 이후 미국항공우주국(NASA)을 앞세운 미국은 물론 다양한 국가와 협업 소식도 들려오고 있다. 또한 스페이스X처럼 재사용발사체 개발에 도전하는 한편, 2032년 달에, 2045년 화성에 탐사선을 착륙시킨다는 '스페이스 광개토대왕 프로젝트'도 야심 차게 발표했다. 그럼에도 한 편에서는 우주항공청의 권한이 적어 한계가 있다는 지적도 이어지고 있다.

　　우주항공인뿐 아니라 많은 국민의 염원이 담긴 우주항공청 개청. 한국 우주개발 과정에서 우주항공청이 떠오른 이유와 그리고 우주항공청이 이끌 한국의 우주개발에 대해 정리했다.

✪ 정부 주도의 우주개발 '올드 스페이스'

전 세계에서 가장 뛰어난 우주 기술을 보유한 기관을 꼽으라면 단연 미국의 NASA를 꼽는다. 1915년 3월 3일 미국 의회는 비군사적 목적의 비행체 개발과 연구를 위한 '국가항공자문위원회(NACA, National Advisory Committee for Aeronautics)'를 만들었다. 2년 뒤에는 미국 최초의 항공 연구소 '랭글리 항공학 연구소'를 설립했다. 두 기관은 1947년 로켓 엔진을 장착한 X-1 비행기가 세계 최초로 음속을 돌파하는 데 결정적인 기여를 했다.

2차 세계 대전이 끝나고 미국과 러시아(옛 소련)를 중심으로 냉전이 시작됐다. 1950년대 초까지만 해도 소련이 가진 우주기술에 대한 서방 국가의 견제는 크지 않았다. 하지만 1957년 10월 4일 소련이 세계 최초의 인공위성 '스푸트니크' 발사에 성공하면서 상황이 반전됐다. 인공위성을 우주 궤도에 올려놓을 수 있다는 것은 곧 핵미사일을 실은 로켓이 대기권을 통과해

미국 플로리다의
케네디우주센터에 마련된
NASA 관제소. NASA의
우주개발 역사가 담겨져 있다.

지구 반대편에 떨어질 수 있다는 의미인 만큼 비행기에 미사일을 싣고 떨어트려야만 했던 기존 방식에서 몇 단계 진화된 기술을 보여준 셈이다. 미국을 중심으로 서방 국가들이 이 사건을 두고 '스푸트니크 쇼크'라 부른 이유이기도 하다. 소련은 나아가 1957년 11월 살아 있는 개 '라이카'를 스푸트니크 2호에 태워 우주로 보내며 기술력을 다시 한번 과시했다.

잇따른 인공위성 발사 실패로 위기감을 느낀 미국은 NACA에 여러 조직을 더해 1958년 7월 29일 NASA를 설립했다. 비군사적 목적이었던 NACA와 달리 NASA는 육군탄도미사일국, 해군조사연구소 등의 조직도 포함하면서 항공우주 분야에서 가장 거대한 조직으로 탄생했다.

이후 냉전시대가 이어지면서 미국과 소련의 우주경쟁은 치열하게 진행됐다. 1957년부터 1959년까지 미국과 소련은 경쟁적으로 51개의 위성을 쏘아올렸다. 미국은 소련과의 경쟁을 단번에 뒤집기 위해 NASA를 통해 인간을 달로 보내는 '아폴로 프로젝트'를 발표하고 성공시킴으로써 NASA는 우주개발 분야에서 독보적인 존재로 부상하게 됐다.

우주개발에는 막대한 자금이 필요하다. 인공위성과 같은 물체를 싣고 대기권을 탈출하는 발사체, 즉 로켓을 개발하는 데 상당한 비용이 필요하기 때문이다. '극한기술'로 분류되는 발사체는 수백, 수천 번의 반복된 실험과 경험이 있어야만 확보할 수 있는 기술로 분류된다. 1950년대 발사체 발사 실패 확률은 58%에 달했고, 개발한 로켓이 첫 발사에 성공할 확률은 27%에 불과하다. 발사체 하나를 만들고 발사하는 데는 현재 기준으로 수천억 원의 연구개발비가 필요하다. NASA가 아폴로프로젝트를 추진할 당시 1960~1973년까지 직·간접적으로 투입한 예산은 258억 달러에 달했다. 이를 현재 물가로 환산하면 대략 2,570억 달러(350조 원)로 추정된다.

따라서 우주개발은 경제성 따위를 고려하지 않아도 되는 국가, 즉 강대국이나 군사적 목적으로 투자를 할 수 있는 국가의 전유물이었다. 자국 내에서, 자력으로 우주발사체와 인공위성을 제작하고 발사할 수 있는 나라를 일컫는 '스페이스 클럽'에 이름을 올린 국가는 2000년대까지 미국, 소련, 프랑스, 중국, 일본, 이스라엘, 이란 등에 불과했다.

✪ 민간으로 넘어간 우주개발 '뉴 스페이스'

우주강국으로 불리는 국가들은 애국심 고취와 국민 단합, 대내외 선전 용도로 우주개발을 활용했는데, 천문학적인 비용을 지속해서 투입하는 것은 사실상 불가능했다. 비용 문제로 NASA마저 예산 확보가 어려웠던 1990년대 말에서 2000년대 중반, 스페이스X를 앞세운 민간 우주 기업이 등장하기 시작했고 이들은 '재사용 발사체'를 통해 발사 비용을 낮추는 데 주력했다. NASA의 우주왕복선을 이용해 1kg의 물체를 우주 공간에 내려놓는 데 드는 비용은 무려 7,800만 원 수준이었는데, 현재 스페이스X의 재사용 발사체인 팔콘의 경우 kg당 비용은 1,500달러(180만 원) 수준에 불과하다. 이러한 가격 차이로 현재 NASA는 민간 발사체를 활용해 우주정거장(ISS)에 사람과 물자를 보내고 있다.

발사체 비용 하락은 우주개발 확대로 연결됐다. IT의 발달로 인해 위

2018년 스페이스X의 재사용 로켓 '팔콘 헤비'가 발사되는 장면. 스페이스X는 재사용 로켓을 기반으로 발사체 가격을 떨어뜨리면서 뉴 스페이스 시대를 여는 데 결정적인 역할을 했다.
© 스페이스X

성을 좀 더 다양한 곳에 활용하려는 시도에 불이 붙었고, 우주는 더 이상 애국심 고취의 대상이나 비밀을 파헤치는 경외감의 대상이 아니라 잘 활용하면 돈을 벌 수 있는 새로운 시장으로 떠올랐다. 신시장 개척에 목말랐던 기업들은 앞다퉈 우주개발에 나섰다. 스페이스X가 위성을 이용해 전 세계에 인터넷을 공급하는 서비스 '스타링크'를 개발했을 뿐만 아니라 제약·바이오 기업들도 우주공간에서 R&D를 진행해 이전에는 없던 새로운 물질을 만들려는 시도에 나서고 있다. 인공위성을 활용해 확보한 데이터를 필요한 고객에게 제공하는 산업도 그 규모가 확대되는 추세다.

우주개발은 정부 주도의 '돈 먹는 하마'가 아니라 비즈니스와 연결되는 산업으로 이름을 올리고 있다. 정부 주도가 아니라 민간 주도의 우주개발이 이뤄지는 현 패러다임의 변화를 '뉴 스페이스(New Space)'라고 부르기도 한다. 투자은행 모건스탠리는 이러한 변화에 힘입어 전 세계 우주산업 규모가 2020년 약 480조 원에서 2030년 735조 원, 2040년 1,370조 원으로 늘어날 것으로 전망했다.

우주에 대한 관심이 뜨거워지면서 최근 우주전담 조직을 신설하는 국가 역시 많아졌다. 우주개발은 연구개발(R&D)뿐만 아니라 국방, 산업, 외교 분야는 물론 인재 양성 등 다양한 분야에도 영향을 미치는 만큼 이를 진두지휘할 컨트롤타워의 필요성이 대두되기 시작한 것이다. NASA, 일본우주항공연구개발기구(JAXA), 러시아연방우주국(Roscosmos)처럼 기존에 전담 조직을 운영해 왔던 국가 외에 룩셈부르크, 호주, 아프리카연합, 바레인, 이집트, 그리스, 케냐, 뉴질랜드, 파라과이, 필리핀, 폴란드, 포르투갈, 사우디아라비아, 아랍에미리트, 짐바브웨 등의 국가들이 2016년 이후 우주전담조직을 신설했다. 현재 전 세계 약 70여 개국이 우주청과 같은 전담 조직을 두고 있는 것으로 추정된다.

유행처럼 우주전담 조직이 생긴 원인으로는 신시장으로 꼽히는 우주를 먼저 선점하겠다는 각국의 계획이 깔려 있다. 민간 기업의 발사체를 저렴한 가격으로 이용해 우주 비즈니스가 가능해진 만큼 이 시장에 진출한다면 경제 성장의 원동력으로 활용할 수 있다. 우주전담 조직은 자국의 우주 기술

도널드 트럼프 2기 행정부에서 NASA 국장으로 지명된 재러드 아이작먼. 억만장자 우주비행사 출신인 아이작먼 신임국장은 뉴 스페이스 시대 흐름을 가속화할 것으로 전망된다.
© John Kraus/Inspiration4

을 발전시키고 하나로 뭉쳐 '돌격 앞으로'를 외치기 위한 방안인 셈이다.

정부 주도의 우주개발을 이끌던 조직도 뉴 스페이스 시대를 맞아 변하고 있다. NASA는 달에 사람을 보내는 '아르테미스 계획'을 추진하면서 발사체와 탐사선 등을 스페이스X와 같은 민간기업에 맡겼다. 일본 역시 2022년 발표한 '2023 우주기본계획'을 통해 민간 로켓 및 위성을 활용해 우주안보 체계 구축, 민간 사업자 주도의 상용화 개발 지원처럼 기업의 역할을 강조하는 방안을 추진하고 있다.

✦ 한발 늦은 한국의 우주개발 조직

한국의 우주개발 역사는 우주강국과 비교하면 상당히 짧다. 1987년 12월 '항공우주산업개발촉진법'이 제정되면서 우주개발의 법적 장치가 마련된 것을 우주개발의 시작으로 보고 있다. 1950년대 이미 우주에 위성을 띄운 미국, 러시아는 물론이고 1960년대부터 정부가 과감한 투자를 이어왔던 일본, 중국과 비교했을 때 여러 측면에서 뒤처질 수밖에 없었다.

1980년대 KAIST를 중심으로 인공위성 개발이 시작됐고 한국항공우주연구원은 1980년대 말부터 소형 로켓 개발에 나서면서 기술을 확보해 나갔다. 연구개발(R&D)이 중심이었던 만큼 당시 과학기술을 담당하던 과학기술정보통신부의 주도로 우주개발이 추진됐다.

한국에서 우주개발에 대한 의지, 필요성이 처음으로 크게 제기됐던 시기는 1996년으로 추정된다. 1995~1996년 무궁화 1·2호가 잇따라 발사되고 난 뒤 김영삼 전 대통령은 "우리 소유의 위성을 갖게 됨에 따라 국민 생활에 획기적인 변화가 생길 것"이라며 "지금까지 우주항공기술과 우주공간의 이용은 거의 강대국들이 독점했는데, 이제는 우리도 우주항공기술 개발과 우주공간 이용에 적극 나서야 한다. 정부도 이 분야에 대한 투자와 지원을 더욱 강화할 것"이라고 밝힌 바 있다.

이어 우주전담 조직에 대한 필요성이 제기된 것은 2006년이다. 당시 장영근 한국과학재단 우주전문위원(한국항공대 교수)은 과학기술부(현 과학기술정보통신부)가 개최한 '제2회 우주개발 진흥전략 심포지엄'에서 우주의 군사와 방위 관련 개발을 위한 '우주기본법안'을 추진하는 동시에 다가올 우주시대에 대비하기 위한 우주개발 전담 조직 '대한민국 우주청'을 설립해야 한다고 주장했다.

이듬해인 2007년에는 과학기술부가 나서 우주개발정책을 수립해 효율적으로 추진하고, 향후 우주탐사 등 우주개발에 필요한 자원의 통합적 관리를 위해 미국의 NASA처럼 정부 산하에 우주개발 전담 조직을 둘 필요가 있다면서 여론을 수렴해 가칭 '대한민국 항공우주청' 설립을 추진하겠다고 밝히기도 했다.

한국의 첫 우주발사체 나로호 개발이 한창이던 2008년에는 이소연 박사가 한국인으로는 처음으로 국제우주정거장을 방문하는 일이 있었다. 우주에 대한 관심이 고조되면서 나로호 개발과 함께 우주개발을 위한 전담 조직이 있어야 한다는 주장은 계속 제기됐다.

한국 우주개발 정책의 중심에는 2005년 제정된 '우주개발진흥법'에 근거한 '국가우주위원회'가 있다. 국가우주위원회는 한국의 우주개발 관련 기본 계획은 물론 위성 활용 계획, 우주위험 대비 사항 의결 등을 다루는 조직으로 2006년 12월 첫 회의를 개최했다. 당시 과학기술부 부총리를 위원장으로 외교통상부, 국방부, 행정자치부, 산업자원부 등 9개 부처 장관이 당연직으로 참여하는 조직이었다. 국가우주위원회는 이후 꾸준히 한국의 우주개발 계획을 담당하는 컨트롤타워로 남았다. 다만 시간이 지나면서 위원장은 부총리에서 과학기술정보통신부 장관으로, 당연직 위원은 각 부처의 차관으로 격하되면서 위상이 크게 줄었다는 비판도 많았다.

국가우주위원회가 있지만 비상설회의기구였던 만큼 우주개발은 과학기술정보통신부와 한국항공우주연구원 중심으로 이뤄졌다. 그러다 보니 여러 부처에서 하는 우주개발을 조정하기 힘들고 공무원이 수시로 바뀌면서 전문성이 부족하다는 지적이 잊을 만하면 한 번씩 제기됐다. 우주산업이 국가 차원의 중장기 사업인 만큼 국가우주위원회를 격상시키고 과학기술정보통신부에서 관련 기능을 빼서 새로운 조직을 만들어야 한다는 목소리가 높아졌다.

우주항공청 개청 이전에 우주개발 담당은 과학기술정보통신부 연구개발정책실의 거대공공연구정책관이 맡았다. 이 국에 있는 약 20여 명의 인원이 원자력 등을 우주와 함께 담당했던 만큼 확대되는 우주산업에 대응하기 쉽지 않았다. 특히 NASA 등 우주개발 강국의 기관과 협업도 필요한데, 전문성이 떨어진다는 문제도 계속해서 제기됐다.

문재인 전 대통령은 누리호 1단 발사체 연소 시험이 있던 2021년 3월 25일 대한민국 우주전략 보고회를 열고 "우주탐사 사업을 적극 추진하고 인공위성 개발과 활용에 박차를 가할 뿐 아니라 민간 우주개발 역량을 강화하겠다"고 말했다. 이 과정에서 국가우주위원회 위원장을 국무총리로 격상시키고 세계 7대 우주강국에 오를 수 있도록 지원하겠다고 밝혔다.

누리호 발사를 앞둔 2022년 1월 당시 대선 후보였던 윤석열 대통령은 우주전담 조직인 '항공우청 신설'을 공약으로 내걸었고 2022년 5월 대통

령직 인수위가 발표한 국정과제에는 경남 사천에 항공우주청을 신설한다는 내용이 담겼다.

　정부는 2022년 11월 우주항공청설립추진단을 출범시키고 미래 우주 분야 경쟁력 확보와 경제발전을 위한 전담 조직 설립을 시작했다. 이듬해인 2023년 2월 '우주항공청 설치 및 운영에 관한 특별법'이 대통령에게 보고됐으며 이어 2024년 1월 9일 '우주항공청의 설치 및 운영에 관한 특별법안'이 통과되면서 우주항공청 설립을 위한 법적 근거 작업이 마무리됐다. 이 과정에서 국가우주위원회 위원장은 대통령으로 한 단계 더 격상됐다.

✦ 우주항공청의 기능과 역할

　우주항공청은 청장을 중심으로 1차장, 1본부, 7국 27과, 2 소속기관

등으로 구성돼 290여 명이 참여하고 있다. 임시청사로 경상남도 사천시 사남면에 있는 아론비행선박산업 건물을 임차했다. 과학기술정보통신부 산하였던 한국항공우주연구원, 한국천문연구원 같은 정부출연연구원이 우주청의 직속기관으로 자리를 옮겼다.

국제협력을 비롯한 정책을 담당하는 차장 아래는 기획조정관, 우주항공정책국, 우주항공산업국이 배치됐다. 우주개발을 담당하는 우주항공임무본부에는 우주수송부문장, 인공위성부문장, 우주과학탐사부문장, 항공혁신

우주항공청 조직도

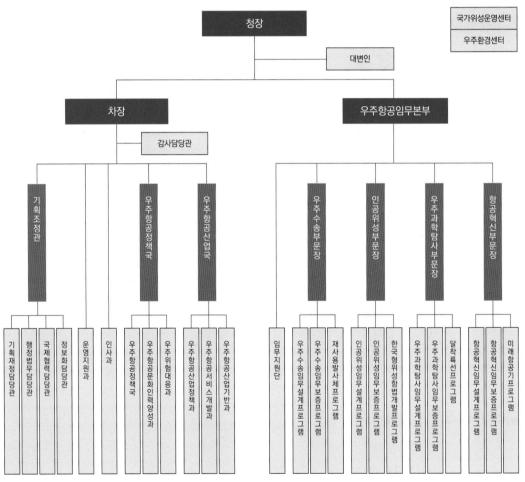

ⓒ 우주항공청

부문장이 자리 잡았다. 현재 예산은 연간 약 7,000억 원으로 과학기술정보통신부와 산업통상자원부에서 진행하던 R&D 과제 5,000억 원 등이 이관됐다. 즉 우주항공청은 그동안 과학기술부와 한국항공우주연구원, 한국천문연구원을 중심으로 진행됐던 발사체, 인공위성 개발과 우주탐사 등의 기능을 한데 모으고 산업통상자원부 등에서 진행하던 우주개발, 인공위성 개발 등의 과제까지 수행함으로써 한국 우주개발을 망라하는 조직으로 탄생했다.

우주항공청은 이러한 기능을 기반으로 '우주항공 5대 강국 실현 및 국가 주력 산업화'라는 비전을 추진한다는 방침이다. 이를 위해 7,000억 원 수준의 예산을 2027년까지 1조 5,000억 원으로 크게 확대하고, 2045년 세계 시장 점유율 10% 달성, 우주항공 일자리 50만 개 창출 등을 이뤄낸다는 목표를 추진해 나간다는 계획이다.

기존의 R&D 위주 정책에서 산업과 안보, 국제협력까지 추가하고 정부와 정부출연연구원 주도의 사업에서 나아가 민간 산업체가 주도하는 체계로 전환해 나간다. 전 세계적인 흐름인 뉴스페이스 기조를 이어가기 위해서다. 이미 누리호의 기술은 한화에어로스페이스에 이전되고 있다. 우주 전담 조직이 신설된 만큼 향후 국제협력 사업에도 적극 참여하고 한국항공우주연구원과 천문연구원에 집중됐던 연구시설도 산학연 공동 활동 연구시설 구축을 통해 확장해 나간다는 목표다.

이와 함께 우주개발 시대에 대응하기 위해 재사용발사체 체계 개발에 나설 뿐 아니라 누리호를 매년 발사해 기술 안정화를 추구한다. 누리호보다 한 단계 더 나아간 차세대 발사체 개발은 물론 민간 기업들의 발사체 활용을 위한 나로우주센터 인프라 확충과 제2의 우주센터 설립도 추진할 예정이다. 이미 강대국 반열에 오른 위성 부문에서는 초고해상도 위성 개발과 최근 비즈니스가 확장되고 있는 우주광통신, 우주인터넷에 활용할 수 있는 기술 확보에 나서고 위성항법장치(GPS)를 대체할 수 있는 한국형 위성항법시스템도 구축한다. 이와 함께 민간 기업 주도로 위성 기반 비즈니스를 통한 신산업 창출도 추진해 나가기로 했다.

우주산업뿐 아니라 심우주 탐사에도 힘을 쏟는다. 2032년 달착륙선을 발사하고 2035년에는 화성 관측 궤도선, 2045년에는 화성 착륙선 등을 차례로 발사하고, 이보다 이른 2029년에는 지구 근처를 지나는 소행성 '아포피스' 탐사에도 나선다.

✦ 우주항공청의 한계를 넘어서

우주항공청의 한계에 대한 지적도 개청 이후 계속 제기되고 있다. 우주항공청의 한계로 지적되는 부분으로 크게 세 가지가 꼽힌다. 먼저 NASA는 백악관의 직속기관인데, 우주항공청은 '부' 아래 조직인 '청'으로 설계된 부분, 두 번째로 NASA와 미국 국방부의 장벽이 크지 않은 반면, 우주항공청에는 국방부가 그동안 담당해왔던 국방 위성 부문이 제외된 점, 마지막으로 국제협력 과정에서 반드시 필요한 외교 업무가 배제된 점이다.

다만 이와 같은 한계를 극복할 수 있는 여러 기능이 추가됐다. 예를 들어 우주항공청이 비록 과학기술정보통신부의 '청'으로 존재하지만, 우주개발을 담당하는 기구인 국가우주위원회의 위원장이 대통령으로 격상됐을 뿐 아니라 우주항공청이 국가우주위원회의 간사, 사무국 기능을 담당한다. 따라서 국가우주위원회가 우주와 관련된 컨트롤타워 역할을 할 때 비록 '청'이지만 우주항공청의 입지가 '부' 못지않게 자리 잡을 수 있다. 또한 국가우주위원회 산하에 여러 부처의 의견을 종합적으로 조정할 수 있는 위원회를 뒀는데, 이 중 우주개발진흥실무위원회와 위성정보활용실무위원회 위원장을 모두 우주항공청장이 맡게 됐다. 이 과정에서 국방부, 외교부와의 조율이 이뤄진다. 국가우주위원회의 위상이 격상됐고 간사와 사무국은 물론 진흥과 위성 활용 부문을 책임지는 만큼 '반쪽짜리'라는 비판과 달리 상당한 입지를 확보했다는 뜻이다.

2024년 5월 우주항공청은 개청 이후 실로 국제협력 부문에 있어서 많은 성과를 냈다. 2024년 6월에는 유엔우주국(UNOOSA)이 각국의 안전하고 지속 가능한 달 활동을 위한 국제 공조를 논의하기 위해 개최한 '유엔 지속

가능한 달 활동 컨퍼런스'에 NASA, 러시아 로스코스모스, 독일 우주청, 프랑스 국립우주연구센터 등 13개 우주기관 중 하나로 초청받았다. 7월에는 세계 최대 우주 학술 행사인 '코스파(COSPAR)'를 개최한 데 이어 NASA와 '우주항공 활동 협력을 위한 공동성명서'를 체결하면서 심우주 탐사와 달 탐사를 포함해 우주항공 개발 전반에 걸친 협력 방안을 논의하고 우주 국제 사회에서의 리더십을 상화하기로 합의하기도 했다.

✦ 주요 국가의 우주개발조직 비교

주요국의 우주개발 전담 조직이 강력한 권한을 휘두르는 것은 아니다. 미국은 우주개발 정책은 대통령실 소속의 국가우주위원회가 맡고 NASA는 대통령 산하 정부기관으로서 우주개발 사업을 책임진다. 다만 정부가 정책과 사업을 모두 수행하는 특징을 가지고 있다.

반면 프랑스와 독일, 일본 등의 국가는 정부 기관이 정책을 담당하

우주과학 분야 세계 최대 규모 국제행사인 '국제우주연구위원회(COSPAR) 학술총회'가 개최된 부산 벡스코에서 2024년 7월 15일 윤영빈 우주항공청장(왼쪽)이 팸 멜로이(Pam Melroy) NASA 차장을 만나 면담하고 있다.
© 우주항공청

고 연구기관이 사업을 수행하는 성격을 띠고 있다. 예를 들어 일본의 우주개발 정책은 내각부 소속으로 총리가 위원장을 맡는 우주개발전략본부가 추진하고 우주항공연구개발기구(JAXA)가 연구기관으로서 사업을 수행하는 방식이다.

미국의 NASA 또한 전방위적인 권력을 가지고 있다고 보기는 힘들다. '우주개발 확대에 따른 국가 우주개발 거버넌스 개편 방안' 보고서에 따르면 미국은 과학과 탐사는 주로 NASA가 맡지만, 교통 규제는 교통부, 상업화와 상업활동 지원은 상무부, 대외 규제는 국무부가 각각 맡는 식으로 기능이 나뉘어 있다. 일본 역시 문부과학성, 경제산업성, 총무성에서 주요한 우주프로그램을 책임지고 있지만, 환경부 등의 다른 부서 역시 우주 관련 기능을 수행하고 있다.

이를 조정하기 위하여 미국은 대통령실에 국가우주위원회를 만들었고 일본은 내각부에 우주전략실을 신설했다. 일반적으로 우주개발 전담기구는 국가우주위원회와 같은 위원회를 상위 조직으로 두고 있으며 다만 '소속'에 있어서 다소 차이를 보인다. NASA가 대통령 직속인 데 반해 우주항공청은 과학기술정보통신부 산하에 존재하는 식이다.

이러한 점을 비교했을 때 우주항공청은 정책 수립 기능과 함께 국제협력, R&D 기능 등을 확보한 만큼 다른 나라의 우주개발 조직과 비교했을 때 권한이 크게 적다고 평가하기는 힘든 것으로 보인다. 이러한 점을 보완하기 위해 국가우주위원회를 격상하는 동시에 실무위원회를 둬 우주항공청의 입지를 확보했다고 볼 수 있다. 우주항공청은 향후 우주항공 분야의 전문가 영입을 확대함으로써 전문 조직으로서의 위상을 공고히 하고 이를 통해 우주개발 전담 조직으로서의 기능을 좀 더 강화해 나간다는 계획이다.

⭐ 우주개발의 꿈을 키울 수 있는 장

우주항공청 초대 청장인 윤영빈 청장은 우주항공청 직원 면접을

2024년 10월 경남
창원컨벤션센터에서 열린
국제우주항공기술대전
(AEROTEC). 국내외 9개국
174개 우주항공기업들이
참가하고 132개
전시·체험관이 운영됐다.
ⓒ 우주항공청

볼 때 '나로호' 발사를 보며 우주를 꿈꾼 지원자들이 있었다고 밝혔다. 2013년 발사에 성공한 나로호가 가진 기술적, 경제적 가치도 크지만 마치 아폴로 프로젝트를 보며 미래를 꿈꾼 '아폴로 키즈'가 미국의 과학기술을 이끌고 있는 것처럼 어느덧 '나로호 키즈'도 한국의 우주개발을 이끌 인재로 성장하고 있다.

우주항공청의 출범 역시 당장 눈앞에 보이는 경제적 가치보다는 이러한 꿈을 키울 수 있는 커다란 '장'이 열렸다는 데 주목하고 싶다. 우주개발은 아이들에게 과학기술에 대한 희망을 심어주고 꿈을 좇을 수 있게 한다. 아폴로 프로젝트가 그랬고 나로호 또한 같았다. 누리호에 이어 차세대 발사체가 연달아 우주로 향하는 장면을 본 수많은 아이들은 20~30년 뒤 한국의 과학기술은 물론 산업을 이끄는 과학자, 혁신가로 성장할 것이다. 우주항공청이 이러한 꿈을 제공해 나간다면 2045년 우주산업 시장의 10%를 선점하겠다는 목표가 단지 꿈에 머무르지 않을 것이다.

2

SNS로 인한 도파민 중독

김태희

이화여대에서 사회학 및 철학을 공부했고 동아사이언스 과학동아팀 기
자로 일하고 있다. 뇌과학과 소셜 미디어가 미치는 과학적, 사회적 영향
에 관심이 있다.

소셜 미디어로 인해 도파민 중독이 일어난다고?!

최근 전 세계적으로 스마트폰을 통해 다양한 소셜 미디어를 접하면서 도파민 중독에 빠지는 추세다.

서울대 트렌드분석센터가 2024년 한국 소비 트렌드 10대 키워드 중 하나로 '도파밍'을 선정했다. 신경전달물질 '도파민'과 수집한다는 뜻의 게임 용어 '파밍'의 합성어 도파밍은 도파민을 추구하는 행위를 뜻하는 단어다. 여기서 도파민이란 '재밌고 자극적인 것'을 의미한다.

인류는 언제나 재밌고 자극적인 것을 추구하며 살아 왔다. 그런데 왜, 2024년 새삼스럽게 도파민을 추구하는 행위가 트렌드로 꼽혔을까. '도파밍'을 둘러싼 자세한 맥락과 그 안의 과학적 사실을 살펴보도록 하자.

✪ 도파민 중독 시대, 도파민 바로 알기

도파민은 신경전달물질의 일종이다. 신경전달물질은 신경세포(뉴런) 간에 정보를 전달하는 화학 물질이다. 신경전달물질은 뉴런의 내부에서 합성된 뒤, 뉴런의 끝부분인 축삭의 말단, 시냅스 소포에 저장된다. 뉴런이 신호를 받으면 전기적 신호가 축삭을 따라 이동하고, 이 신호를 따라 시냅스에서 신경전달물질이 방출된다. 방출된 신경전달물질은 다른 뉴런의 수용체에 결합하면서 신호가 전달된다.

도파민 등을 통한 신경계 신호 전달을 규명한 공로로 2000년 노벨 생리의학상을 받은 아르비드 칼손.
© Vogler/wikipedia

특히 도파민은 보상과 동기부여, 기분 조절에 관여하는 신경전달물질로 알려져 있다. 스웨덴의 약리학자이자 신경정신학자인 아르비드 칼손과 영국의 약리학자 캐슬린 몬터규가 1957년 처음 발견했다. 두 과학자는 같은 시기 독립적으로 도파민의 역할을 규명했다. 이 중 칼손은 신경계 신호 전달에 대해 규명하고 뇌 기능을 이해하는 중요한 단서를 제공한 공로로 2000년 노벨 생리의학상을 받았다.

신경과학에서 인간의 행동이 촉발되는 동기를 두 종류로 구분한다. 물, 음식, 잠과 같이 생존을 위해 필수 불가결한 것이 하나의 동기이며, 나머지 하나가 바로 보상이다. 보상 시스템(reward system)은 보상이나 강화를 통한 자극에 의해 활성화되는 뇌의 구조물이다. 복측피개영역, 중격측자핵, 전전두엽피질으로 구성돼 있다. 각각의 영역은 서로 연결돼 있어 보상과 쾌감, 동기 부여를 조절한다. 특히 복측피개영역은 보상회로(reward pathway)를 통해 중격측자핵과 전전두엽피질과 연결되는데, 이때 복측피개영역이 자극되면 뉴런

도파민의 보상회로.
도파민은 주로 중추신경계의 흑질(substantia nigra), 복측피개영역(ventral tegmental area) 등의 신경핵에서 합성되어 선조체(striatum), 전전두엽(prefrontal cortex), 중격의지핵(nucleus accumbens), 편도체(amygdala) 등으로 분비되어 동기부여, 보상행동 등에 관여한다.

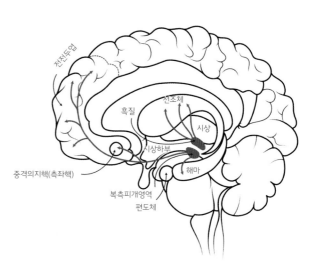

에서 도파민이 합성돼 중격측자핵과 전전두엽피질로 분비된다. 이로 인해 인간은 기쁨과 쾌감을 느끼는 것이다.

그런데 도파민만 보상, 동기부여, 기분 조절에 관여하는 것이 아니다. 세로토닌은 안정감과 행복감을 유발하는 신경전달물질로 잘 알려져 있으며, 엔도르핀은 방출되면 기분을 좋게 만들어 불안과 스트레스를 줄이는 역할을 한다. 실제로 엑스터시 같은 일부 마약은 세로토닌 방출을 증가시켜 강한 행복감을 유발한다. 하지만 세로토닌은 도파민만큼 직접적으로 보상 시스템을 자극하지 않는다. 한국에서는 '히로뽕'으로 알려진 헤로인과 모르핀 같은 물질은 엔도르핀 수용체에 작용해 강한 쾌감과 진통 효과를 유도하지만, 엔도르핀은 그 자체로 중독을 일으키지 않는다. 오히려 엔도르핀 수용체에 작용하는 약물은 도파민 방출을 유도함으로써 보상 체계를 활성화해 중독성을 갖게 된다. 즉 도파민과 이들 신경전달물질 간의 차이는 보상 시스템을 자극함으로써 만들어지는 중독성 유도에 있다.

⊛ 중독을 만드는 과정, 민감화와 내성

마약과 같은 물질이나 도박과 같은 행위가 인간을 중독 상태로 이끄는 과정에서 핵심은 보상 시스템의 민감화와 내성이다. 그리고 이 과정에서 신경전달물질인 도파민이 핵심적인 역할을 한다.

우선 마약과 같은 물질로 얻는 인위적인 보상은 맛있는 음식을 먹는 것과 같은 자연 보상보다 2~10배나 많은 도파민을 분비한다. 이런 보상 경험은 감정을 조절하는 편도체와 기억을 형성하는 해마가 관련되는데, 강한 도파민 분비를 경험한 사람은 당시 느꼈던 쾌감을 기억하게 된다. 또한 과도하게 분비된 도파민은 충동을 조절하는 전두엽에도 영향을 미친다. 이것이 경험을 만들어 준 물질과 행위에 대한 갈망으로 이어져 지속적이고 반복적으로 도파민 분비를 일으키는 행동을 하게 된다.

이 과정에서 뇌는 '민감화(sensitization)'를 겪는다. 뇌가 특정 자극에 더욱 민감해지면서, 동일한 자극에도 더 강하게 반응하는 현상이다. 쉽게 말해

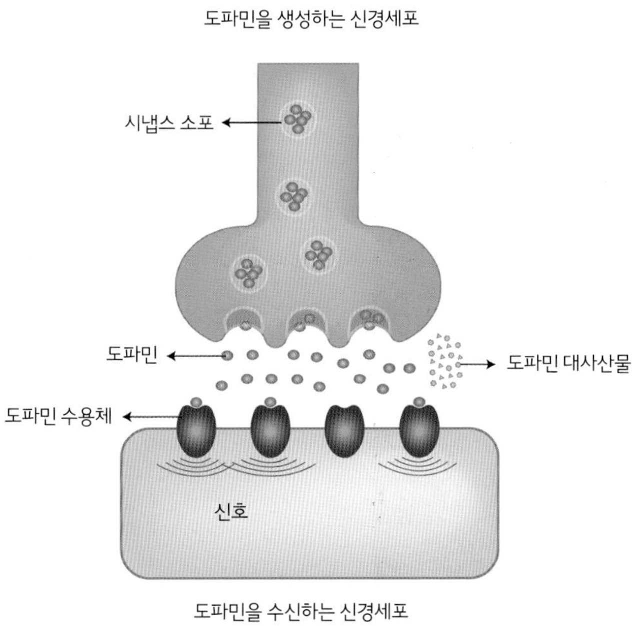

도파민을 생성하는 신경세포

시냅스 소포

도파민

도파민 대사산물

도파민 수용체

신호

도파민을 수신하는 신경세포

도파민이 합성되고 분비되는 과정. 도파민 수용체가 둔감해지면 내성이 생길 수 있다.

뇌의 과민반응이다. 민감화가 발생하면 특정 자극에 대한 도파민 방출이 더 강해지고 또 빈번해진다. 다시 말해 다른 자극이 들어왔을 때의 반응은 줄어든다는 의미다. 민감화는 특정 자극에 대한 갈망과 심리적 의존성을 강화해 중독성 물질이나 행위에 대한 강한 심리적 집착을 유도한다.

한편, 행동의 반복은 '내성'을 만든다. 내성은 반복적인 행동 혹은 사용으로 효과가 점차 감소하는 현상이다. 보상 시스템의 내성은 도파민 수용체가 둔감해지면서 만들어진다. 도파민 수용체는 반복적으로 자극될 때 과활성화되는데, 뇌는 과도한 자극에 적응하기 위해 수용체의 민감도를 낮추는 조절 메커니즘을 가동한다. 수용체의 신호 전달 강도를 약화시키거나 뉴런 표면의 도파민 수용체의 개수를 줄이는 방식이다. 이렇게 수용체가 둔감해지면 같은 양의 도파민을 분비하기 위해서 더 강하고 큰 자극이 필요해진다.

상반된 메커니즘처럼 보이는 민감화와 내성은 중독을 만드는 과정에서 각각 발생하기도 하고 또 동시에 일어나기도 한다.

✦ 스마트폰 통해 보상의 일상화

아이폰과 같은 스마트폰이 등장하면서 사용자가 도파민 중독에 빠질 위험성이 높아졌다. 사진은 스티브 잡스가 아이폰을 공개하는 모습.

새삼스럽게 도파민과 중독이 주목받는 데는 오늘날 도파민이 분비되게 하는 자극제가 많기 때문이다. 정확하게는 수많은 자극이 스마트폰이라는 도구를 통해 일상적으로 이뤄지고 있기 때문이다.

스마트폰은 컴퓨터로서 여러 기능을 수행하는 휴대전화다. 일반적으로 터치스크린 인터페이스, 인터넷 접속시스템, 다운로드한 애플리케이션을 실행할 수 있는 운영체제를 갖추고 있다. 최초의 스마트폰은 1992년 IBM이 개발한 '사이먼 퍼스널 커뮤니케이터'지만 애플이 2007년 아이폰을 처음 출시함으로써, 현대 스마트폰의 장을 열었다.

보상 시스템의 관점에서 스마트폰은 사용자가 일상적으로 도파민이 분비되는 자극제를 접할 수 있는 환경을 구축한다. 작은 디지털 기기 안에서 사용자들은 수많은 콘텐츠를 쉽게 접할 수 있다. 이런 이유로 미국 스탠퍼드 의대 중독의학과 애나 렘키 교수는 2021년에 발간된 자신의 저서 『도파민 네이션』을 통해 "오늘날은 큰 보상을 약속하는 자극이 풍요로운 시대"이며 "디지털 세상의 등장이 과거와 비교할 수 없는 자극에 날개를 달아주었다"고 말했다. 특히 렘키 박사는 "스마트폰은 현대의 피하 주사 바늘"이라 표현했다.

그중 스마트폰을 사용해 이용할 수 있는 다양한 미디어 플랫폼 중 X(구 트위터), 인스타그램, 페이스북과 같은 소셜 미디어, 즉 SNS가 '도파민 중독'의 주요 원인으로 꼽힌다. 그 이유는 무엇일까. 전문가들은 소셜 미디어가 사용자들의 이용 시간을 늘리기 위해 사용하는 다양한 전략, 그중에서도 구조적인 차원의 전략이 있다고 지적한다.

첫 번째 전략은 사용자의 경험을 최소한으로 만드는 것이다. 가장 대표적인 것이 '무한 스크롤' 기능이다. 사용자가 화면을 내릴 때마다 새로운 콘텐츠가 자동으로 로드되는 방식인 무한 스크롤은 2006년 미국의 UX(사용자 경험) 디자이너, 아자 래스킨이 개발했다. 무한 스크

롤이 개발되기 전, 웹사이트와 소셜 미디어 플랫폼은 주로 페이지 기반의 내비게이션 방식을 사용해 콘텐츠를 전시했다. 10개나 20개 등으로 정해진 개수의 콘텐츠가 한 페이지에 표시되고, 페이지 하단에 도달하면 '다음 페이지' 혹은 아라비아 숫자로 적힌 페이지 창을 클릭해 새로운 콘텐츠를 불러오는 방식이었다. 이는 사용자가 한 번에 정해진 양의 콘텐츠만 볼 수 있고, 다음 페이지로 넘어가기 위해서는 반드시 클릭과 같은 추가적인 동작이 필요했다.

무한 스크롤은 과거의 경험 중 두 가지를 삭제시켰다. 사용자가 얼마만큼의 콘텐츠를 소비했는지 알아챌 수 있는 단서와 또 더 많은 콘텐츠를 보기 위한 추가적인 클릭 동작이다. 호주 스윈번공대 리보 리우 연구팀이 2019년 국제 학술지 《인포메이션 시스템 저널(Information System Journal)》에 게재한 논문에 따르면, 더 많은 상품을 보기 위해 버튼을 클릭하게끔 디자인된 온라인 쇼핑몰은 사용자가 쇼핑에 몰입하는 것을 방해하는 것으로 드러났다.

사용자의 경험을 최소화해 몰입을 극대화하는 디자인은 '자동 재생'에도 있다. 인스타 스토리가 대표적이다. 인스타그램 스토리를 하나 클릭하면 상단에 진행 바가 뜬다. 진행 바는 스토리의 재생 시간을 시간상으로 표시하며, 현재 보고 있는 스토리의 남은 시간을 의미한다. 재생이 끝나면 스

소셜 미디어 이용자는 자신의
콘텐츠에 '좋아요' 같은
반응(보상)을 기대하지만,
간헐적이라 안달이 난다. 소셜
미디어가 포모(FOMO)를
자극하기 때문이다.

토리가 꺼지는 것이 아니다. 다른 스토리가 자동으로 재생된다. 사용자는 가만히 바라만 보면 된다.

두 번째 전략은 사용자를 안달 나게 만드는 것이다. 포모(FOMO, Fear Of Missing Out)을 자극하는 것이다. 포모는 사용자가 중요한 정보나 경험을 놓칠 것에 대한 불안감을 느끼는 심리적 현상이다. 가장 대표적인 예가 소셜 미디어의 휘발성 콘텐츠다. 인스타그램 스토리, 페이스북 스토리처럼 게시자가 직접 지우지 않아도 일정 시간이 지나면 자동으로 사라지는 콘텐츠는 소셜 미디어 사용자들의 체류 시간과 플랫폼 방문 빈도를 높이는 효과가 있다.

간헐적(변동적) 보상을 전제로 한 디자인도 포모를 자극한다. 간헐적 보상은 미국의 심리학자 버러스 프레더릭 스키너의 조작적 조건화 실험에서 제시된 개념이다. 스키너는 스키너 상자를 사용해 쥐의 행동을 관찰했다. 쥐가 버튼을 누를 때마다 먹이를 제공함으로써 '긍정적 강화를 통한 행동 강화'를 살폈다. 이때 쥐는 먹이를 얻기 위해 필요한 만큼만 버튼을 누르는 모습을 보였다. 스키너는 이후 보상 방식을 바꿨다. 버튼을 눌렀을 때 먹이가 나올 때도 있고, 나오지 않을 때도 있게 한 것이다. 이런 불규칙한 보상 체계하에서 쥐는 보상 획득을 예측할 수 없다. 쥐의 행동은 어떻게 바뀌었을까? 쥐는 먹이를 얻고자 버튼을 더 자주 그리고 집착적으로 누르는 행동을 보였다. 이는 간헐적 보상 시스템이, 보상을 예측하지 못해 더 간절해지고 반복적인 행동을 만든다는 것을 보여준 대표적인 실험이다.

소셜 미디어에서는 다른 이용자의 '반응'이 간헐적 보상이다. 친구의 얼굴을 보며 수다를 떨 때는 상대의 반응을 즉각적으로 확인할 수 있다. 재밌는 얘기에 친구가 웃거나, 진지한 고민 상담에 고개를 끄덕이며 공감을 해주는 모습을 바로 확인할 수 있다. 하지만 소셜 미디어 안에서의 의사소통은 시간차가 있다. 모든 이용자가 동시에 약속된 시간에 접속하는 것이 아니기 때문이다. 어떤 이용자가 내 글을 읽고 반응을 해줄지도 알 수 없다. 이 때문에 자신이 남긴 글에 대한 반응을 살피기 위해 수시로 소셜 미디어에 접속할 수밖에 없다.

같은 맥락으로 소셜 미디어의 알람 기능도 포모를 자극한다. 다른 사용자가 나의 게시 글에 반응한 순간과 반응한 횟수가 진동 혹은 숫자로 표시되는 순간 사용자는 기다리던 보상을 얻게 된다. 간헐적 알림이 울리는 순간 소셜 미디어 사용자들의 뇌에서는 도파민이 방출되는 것이다.

세 번째 전략은 데이터 기반 알고리즘이다. 데이터를 바탕으로 구성되는 '맞춤형 콘텐츠 추천 서비스'는 사용자가 관심을 갖는 주제에 관한 재밌고 자극적인 콘텐츠를 끊임없이 보여준다. 인스타그램 피드를 '새로 고침'하거나 X(구 트위터)의 홈을 '새로 고침'할 때마다 새로운 추천 콘텐츠가 정렬되는 것을 볼 수 있다.

관심사에서 벗어나지 않되, 조금씩 다른 콘텐츠를 계속해 소비하게 만드는 이 전략은 소셜 미디어의 '래빗 홀(rabbit hole effect)' 효과를 야기한다. 소설 『이상한 나라의 앨리스』에서 앨리스가 토끼 굴에 따라 들어가는 장면에서 유래한 단어인 래빗 홀 효과는 오늘날 소셜 미디어나 동영상 스트리밍 플랫폼에서 사용자가 콘텐츠 소비에 점차 깊이 빠져드는 현상을 가리키는 데 사용된다. 휴먼테크놀로지센터 창립자이자 전직 구글 디자인 윤리학자인 트리스탄 해리스가 플랫폼의 중독성에 대해 경고하면서 여러 번 사용하며

널리 알려졌다. '토끼 굴에 따라 들어간다'는 의미로 사용자가 자기도 모르고 오랜 시간 플랫폼에 머물며 더 많은 콘텐츠를 소비하는 상황을 묘사한다.

특히 소셜 미디어는 사용자의 데이터를 기반으로 맞춤형 콘텐츠를 제공해 중독에 빠지게 만든다. 최근 유튜브 쇼츠 같은 짧은 동영상에 중독되기 쉽다.

✦ 청소년의 뇌가 자극에 예민한 이유

문제는 특히 청소년이 스마트폰 사용 통제력을 쉽게 잃어 중독에 빠지기 쉽다는 점이다. 2023년 3월 과학기술정보통신부가 발표한 「디지털 정보 격차, 웹 접근성, 스마트폰 과의존 분야 2022년도 실태조사」 보고서에 따르면 청소년 가운데 40.1%가 스마트폰 '과의존 위험군'으로 분류된다. 청소년 10명 가운데 4명이 스마트폰 사용에 대한 조절력이 약해져 일상에서 문제가 발생하거나(잠재적 위험군), 스마트폰 사용 통제력을 상실해 일상생활에서 심각한 문제를 겪고 있다(고위험군)는 뜻이다.

또한 실태조사를 통해 2020년도 이후 청소년의 스마트폰 과의존 비율이 매년 증가한다는 사실도 밝혀졌다. 청소년 스마트폰 과의존 위험군은 2020년 35.8%, 2021년 37.0%, 2022년 40.1%를 각각 기록했다. 실태조사는 연령에 따라 조사 대상을 총 4개 그룹으로 나눴는데, 청소년 그룹을 제외한 유아동, 성인, 60대 이상 성인 그룹에서는 스마트폰 과의존 비율이 2021년보다 2022년에 감소했다는 점에서 특징적이었다.

전문가들은 이런 차이가 발달 과정 중에 있는 청소년의 뇌 때문이라고 설명한다. 청소년 시기에는 키가 자라는 식으로 신체 변화가 있는 것처럼 뇌도 성장하고 있어 성인의 뇌와 비교했을 때 구조와 기능 면에서 차이가 있다. 구조 면에서는 의사를 결정하고 충동을 조절하는 기능을 담당하는 것으로 잘 알려진 전두엽이 가장 대표적이다. 평균적으로 전두엽은 25세 전후로 발달이 완료된다고 알려져 있다. 반면 공포나 불안을 야기해 위험하거나 잘못된 상황에서 벗어나는 역할을 하는 편도체는 청소년기 중반(약 12~17세)에 걸쳐 빠르게 발달한다. 편도체가 전두엽보다 먼저 성숙하기에, 청소년 시기에는 감정적 자극에 더욱 예민하게 반응하는 경우가 많다. 같은 수준의 충동 욕구가 주어지더라도 성인보다 청소년이 더 강하게 반응하는 이유도 이 때문이다.

뇌의 기능적인 요소도 청소년 시기 자극에 예민하게 만든다. 청소년의 뇌는 뉴런이 쉽게 발화돼 작은 자극에도 도파민이 분비되기 때문이다. 발화란 자극에 대한 신호가 뉴런을 타고 전달되는 현상을 뜻한다. 뉴런에서 발화가 이뤄지기 위해서는 일정 세기 이상의 자극이 필요한데, 청소년의 뇌는 성인의 뇌에 비해 발화에 필요한 자극의 역치가 낮다. 작은 자극에도 민감하게 반응한다는 뜻이다.

도파민 수용체의 양도 청소년기에 가장 많다. 도파민 수용체 밀도는 유아기와 어린이 시기를 거치면서 꾸준히 증가하다가 청소년기에 가장 많아지고, 이후 성인이 되어선 완만하게 감소한다. 1995년 미국 하버드의대 정신과 마틴 타이셔 교수팀이 발표한 논문에 따르면, 청소년기 도파민 수용체 밀도는 성인에 비해 최대 2배 이상 높다. 같은 양의 도파민이 나오더라도 도파민 수용체가 많으면, 보상과 쾌락에 대한 민감도가 높다. 이 때문에 청소년 뇌는 도파민 보상 시스템이 매우 활성화돼 있다. 쉽게 발화 상태가 돼 도파민이 더 많이, 더 자주 분비되기 때문이다. 도파민은 중독 상태에 이르는 핵심 물질이므로 청소년 시기는 중독에 취약할 수밖에 없는 셈이다.

✦ 학생들의 '뇌' 보호하고자 스마트폰 금지해야 하나

이런 이유로 유네스코는 2023년 7월 전 세계 학교에서 스마트폰 사용을 금지할 것을 권고하는 보고서를 발표했다. 스마트폰 사용이 학생들의 학습에 방해가 되고, 학생들의 집중력을 저해한다는 것이 주된 이유였다.

실제로 어린 스마트폰 이용자를 보호하기 위해, 주요 국가들은 학생들의 스마트폰 사용을 금지하고 있다. 프랑스는 2018년부터 15세 이하 학생들이 학교에서 스마트폰을 사용하는 것을 금지하는 법을 시행하고 있다. 어린 학생들은 수업 시간은 물론, 쉬는 시간과 점심시간에도 스마트폰을 사용할 수 없다. 학생들은 등교 후 스마트폰을 끄거나 지정된 장소에 보관해야 한다. 당시 프랑스 교육부 장관이었던 장 미셸 블랑케르는 프랑스 한 언론사와의 인터뷰에서 "오늘날 스마트폰 중독으로부터 어린이와 청소년을 보호해야 한다"며 "이것이 교육의 근본적인 역할"이라고 설명했다.

청소년은 성인보다 중독에 빠지기 쉬워, 학교에서 어린 학생들의 스마트폰 사용을 금지하는 국가가 늘고 있다.

2009년부터 초등학생과 중학생의 학교 내 스마트폰 사용을 금지했던 일본은 현재 학생들의 안전을 위해 한발 물러섰다. 환태평양 지진대 위에 위치해 지진이 자주 발생하는 일본은 긴급 상황에서 연락 수단이 필요하다는 주장이 제기됐기 때문이다. 일본은 중학생의 경우 긴급 상황에서 연락을 취하기 위한 용도로만 스마트폰을 소지하고 사용할 수 있게 허용하며, 초등학생의 스마트폰 사용은 원칙적으로 금지하고 있다.

영국도 2023년 10월 학교 내에서 학생들의 스마트폰 사용을 전면 금지하는 방안을 발표했다. 수업 시간은 물론 쉬는 시간과 점심시간에도 스마트폰 사용을 제한한다는 내용이다. 영국은 초등학생과 중학생은 물론 고등학교 학생까지 해당 규제에 포함시켰다.

중국은 한발 더 나아갔다. 2023년 2월, 중국은 전국 초등학교와 중학교 학생들이 학교에 스마트폰을 가져올 수 없도록 했다. 학생들은 예외적인 상황에서 부모님의 요청이 있는 경우에만 신청서를 작성하고 학교에 스마트폰을 가져갈 수 있다. 이조차도 등교 이후 학교가 스마트폰을 별도로 보관한다.

한국은 2013년 수업 시간 동안 스마트폰 사용을 금지하는 법이 제정됐다. 그리고 2023년 9월부터는 학생들이 수업 시간 도중 스마트폰을 사용할 때 교사의 지도 범위와 방식을 법으로 정했다(교원의 학생생활지도에 관한 교시). 학생들의 스마트폰 사용을 금지한 이후에도 제지 방법이 없다는 문제 제기를 받아들인 셈이다.

교칙으로 학생들의 스마트폰을 일괄적으로 걷는 학교도 있다. 다만 국가인권위원회(인권위)는 '학교에서 학생의 스마트폰 소지를 전면 제한하는 것은 인권 침해'라는 의견을 꾸준히 발표하고 있다. 등교 직후 스마트폰을 수거해 학교 일과 중 스마트폰 사용을 일절 금지하는 것은 기본권을 제한하는 것이란 지적이다. 인권위는 "수업 시간 중에만 사용을 제한하고 휴식 시간 및 점심시간에는 사용을 허용해 침해를 최소화하면서도 교육적 목적을 달성할 수 있는 방법을 고려해야 한다"고 설명했다.

🔵 미국과 EU의 인스타그램과 페이스북 '중독 조장' 소송

한편 소셜 미디어에 대한 규제도 시작됐다. 미국은 소셜 미디어가 조장하는 중독에 칼을 빼 들었다. 2023년 10월 미국 캘리포니아주, 플로리다주, 뉴저지주 등 총 33개 주 정부의 법무부 장관으로 구성된 연합 소송단이

꾸려졌다. 이 연합 소송단은 같은 달 24일(현지 시각), 소셜 미디어 '인스타그램'과 '페이스북'의 운영사인 '메타'를 상대로 캘리포니아 북부 지방 법원에 연방 소송을 제기했다. 아동 온라인 개인정보 보호법(COPPA), 캘리포니아의 허위 광고법(FAL), 캘리포니아의 불공정 거래법(UCL)을 포함한 연방 및 주법 위반 혐의였다. 소송 이유는 다름 아니라 소셜 미디어의 중독성 때문이다. '인스타그램과 페이스북의 기능이 미국 아동 및 청소년의 정신 건강에 피해를 준다'는 내용이다.

소송은 예고된 것이었다. 소송을 이끈 캘리포니아주 법무부의 롭 본타 장관은 2021년 11월 이미 인스타그램이 미국 전역의 젊은이들에게 미치는 영향을 조사해 보고서를 발표한 바 있다. 당시 보고서에서는 인스타그램이 이용자로 하여금 우울증, 섭식 장애 등을 유발시킨다는 내용을 담고 있었다. 그리고 이후 전국의 법무부 장관이 메타의 회사 운영에 있어 위법성이 있는지를 조사하기 시작했다. 약 2년여의 조사가 끝난 뒤, 본타 장관은 "메타는 기업의 이익을 늘리기 위해 중독을 조장했다"는 결론을 발표했다. 메타가 인스타그램과 페이스북에서 어린이와 청소년이 소셜 미디어에서 보내는 시

2023년 10월 미국 33개 주 정부의 법무부 장관으로 구성된 연합 소송단이 소셜 미디어 페이스북의 운영사 메타에 대해 '아동 및 청소년의 정신 건강에 피해를 준다'며 소송을 제기했다.

간을 극대화하는 비즈니스 모델을 만들고, 소셜 미디어에 중독시키는 유해한 기능을 설계하고 배포했다는 뜻이다. 이에 본타 장관은 "아이들을 보호하기 위해 소송을 제기한다"고 밝혔다.

유럽 연합(EU)도 나섰다. EU는 2022년 10월 사용자의 기본권이 보호되는 안전한 디지털 공간을 조성하는 것을 목적으로 하는 디지털 서비스법(DSA)을 유럽의회에서 최종 승인했다. DSA의 구체적인 조항은 단계적으로 시행됐는데, 이 중 추천 알고리즘 작동 방식과 기준을 공개하는 주요 조항은 2024년부터 시행되고 있다. 그리고 2024년 5월 16일 EU는 메타가 페이스북과 인스타그램의 미성년자 보호와 관련한 DSA 핵심 규정을 위반했다는 혐의로 조사에 착수했다. EU 집행위원회의 내부시장 담당인 티에리 브레통 집행위원은 조사와 관련해 "메타가 젊은 유럽인들의 신체 및 정신 건강에 미치는 부정적인 영향을 완화하기 위한 DSA 의무를 준수하지 않았다"고 말했다. EU는 페이스북과 인스타그램의 래빗 홀 효과에 대해 살펴볼 예정이다.

다만 아직까지 한국에서는 소셜 미디어의 중독성에 관한 조사 혹은 논의는 이뤄지지 않고 있다. 하지만 오늘날 소셜 미디어 사용자들이 수 시간 동안 정신없이 소셜 미디어 속 콘텐츠를 소비하는 것이 단순히 개인의 의지력 문제가 아니라는 점이 명확해졌다. '도파민 중독'에 맞선 사회적인 움직임이 필요하다.

3

비만치료제
위고비
치료

오혜진

서강대에서 생명과학을 전공하고, 서울대 과학사 및 과학철학 협동과
정에서 과학기술학(STS) 석사 학위를 받았다. 이후 동아사이언스에서
과학기자로 일하며 과학잡지 《어린이과학동아》와 《과학동아》에 기사
를 썼다. 현재 과학전문 콘텐츠기획·제작사 동아에스앤씨에서 기자로
일하고 있다.

위고비, 비만 치료의 새 지평을 열까?

●
미국 뉴욕 거리에 걸려 있는
옥외광고판에 비만치료제
'위고비'를 주사하는 장면이
보인다.

최근 전 세계에서 '위고비 신드롬'이 불고 있다. 위고비는 일론 머스크 테슬라 최고경영자(CEO)와 오프라 윈프리 등 유명 인사들의 체중 감량 성공 비결로 알려지면서 '기적의 비만치료제'로 주목을 받기 시작했다.

지금까지 비만치료제의 역사는 난관의 연속이었다. 안전성과 효과를 동시에 충족하는 약물을 찾기 어려웠기 때문이다. 그러다 혜성처럼 등장한 위고비는 이전의 치료제들보다 적은 부작용과 뛰어난 체중 감량 효과로 비만 치료의 새 지평을 열고 있다. 심지어 위고비는 체중 감량뿐 아니라 심혈관질환 위험 감소, 알코올 중독 및 알츠하이머 치료에도 긍정적인 효과가 보고되고 있다.

지난 10월 15일, 한국에도 드디어 위고비가 상륙했다. 출시되자마자 품귀 현상이 빚어지고 있다. 위고비는 기존 비만치료제와 어떤 차이가 있기에 이토록 열풍을 일으키고 있는 걸까? 위고비 한국 출시를 맞아 비만과 비만치료제에 대해 살펴보자.

◆ '질병'으로서의 비만 진단

많은 사람들이 비만을 질병으로 인식하지 않고, 단순히 뚱뚱한 사람, 혹은 뚱뚱한 상태라고 생각하곤 한다. 특히 외모지상주의가 심한 한국에서 비만은 단순히 외모의 문제나 개인의 의지, 자기 관리 부족으로 치부되어 왔다. 하지만 비만은 엄연히 '질병'으로, 치료의 대상이다. 세계보건기구(WHO)는 1996년부터 비만을 질병으로 정의하고 있는데, 비만의 의학적 정의는 체내에 지방이 비정상적으로 많이 축적돼 건강에 악영향을 주는 상태다. 단순히 체중이 증가한 것에 그치지 않고, 제2형 당뇨병, 고혈압, 고지혈증, 대사증후군, 심혈관질환 등 심각한 합병증을 일으켜 일반인보다 사망 위험이 높다.

비만은 체내 지방량을 측정해 진단하는 것이 정확하지만, 실제 지방량

비만이 일으킬 수 있는 여러 합병증.
ⓒ Nature Reviews Drug Discovery

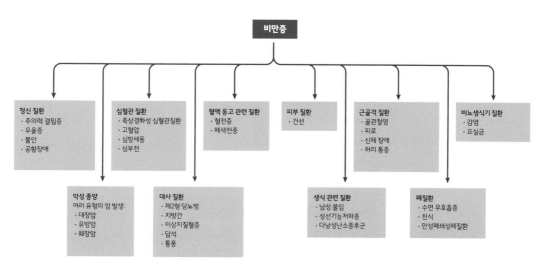

을 정확히 측정하기는 어렵기 때문에 간접적인 방법이 사용된다. 가장 흔히 사용되는 것이 '체질량지수(BMI)'다. BMI는 몸무게를 키의 제곱으로 나눈 값이다. 나라마다 비만의 기준은 다르다. 체지방 비율이 성별이나 인종에 따라 개인차가 크기 때문이다. WHO에서는 성인의 BMI 지수가 $30kg/m^2$ 이상이면 비만이라 정의하고 있는데, 한국은 $25kg/m^2$ 이상부터 비만으로 진단된다. 그래서 다른 나라보다 한국의 기준이 엄격하다는 지적도 있다. 대한비만학회 진료지침에 따르면, 다른 나라에서는 사망 위험을 기준으로 한 반면, 국내에서는 만성질환 위험을 예방한다는 측면에 무게를 두고 조금 더 엄격한 기준을 채택했다는 입장이다. 아시아인은 서양인보다 낮은 BMI 지수에서부터 체지방이 쌓이고, 건강에 악영향을 주는 질환의 발생 위험이 더 높다는 뜻이다.

다만 BMI는 체성분을 반영하지 못한다는 단점이 있다. 예를 들어 근육량이 많아 체중이 많이 나가는 사람의 경우, 체질량지수를 기준으로 하면 비만으로 나오지만 실제로는 비만이 아닐 가능성이 높다. 이런 단점을 보완하기 위해 허리둘레를 측정해 복부 비만을 진단한다. 한국에서는 허리둘레가 남자 90cm 이상, 여자 85cm 이상이면 복부비만이라 진단한다.

✪ 비만이 되는 이유

렙틴이 없어서 비만이 된 쥐(왼쪽).

우리가 비만이 되는 이유는 무엇일까? 아마 그 이유를 모르는 사람은 없을 것이다. 너무 많이 먹고, 적게 움직였기 때문이다. 내분비계 질환 같은 기저 질환이 있을 경우에 이차적으로 비만이 될 수 있지만, 대부분의 비만은 섭취한 에너지에 비해 에너지 소모량이 적어 둘 사이의 불균형이 일어나 생긴다.

이런 불균형이 오래 지속되어 비만 환자들은 식욕과 체중 조절 시스템이 고장 난 상태다. 우리 몸은 정교하고 복잡한 시스템을 통해 체중을 일정하게 유지하려고 한다. 식욕과 체중 조절의 핵심 중추는 뇌의 시상하부다. 시상하부에는 식욕을 억제하는 뉴런(신경세포)인 'POMC(pro-opio melanocortin) 뉴런'과 식욕을 촉진하는 뉴런인 'AgRP(agouti-related peptide) 뉴런'이 있는데, 이 뉴런들은 여러 호르몬의 신호로 조절된다.

가장 처음으로 발견된 것이 렙틴 호르몬이다. 1950년대 과학자들은 교배를 통해 식욕이 왕성해 엄청나게 뚱뚱해지는 쥐를 얻었다. 그런데 이 쥐의 혈관을 정상 쥐와 연결하면 비만 쥐의 식탐이 줄고 체중도 줄어들었다. 과학자들은 비만 쥐의 특정 유전자에 돌연변이가 일어났고, 혈관을 타고 이동하는 것으로 보아 이 유전자가 만드는 단백질이 호르몬일 것이라 판단했다. 많은 과학자들이 이 유전자를 찾는 데 뛰어들었는데, 1994년 미국 록펠러대 제프리 프리드먼 교수 연구팀이 경쟁의 승자가 됐다. 최초로 발견된 이 비만 유전자가 바로 렙틴이다. 렙틴은 '마르다'는 뜻의 그리스어 '렙토스'에서 따온 이름이다.

렙틴은 167개의 아미노산으로 이뤄진 작은 단백질 호르몬으로, 식욕을 억제하고 에너지 소비를 증가시켜 체중을 조절한다. 구체적인 메커니즘을 살펴보면, 지방세포에서 분비된 렙틴은 시상하부에 '그만 먹으라'는 신호를 보낸다. 이 신호를 받은 시상하부의 POMC 뉴런은 α-멜라닌 세포 자극 호르몬(α-MSH)을 생성하고, 이 호르몬이 수용체에 작용해 식욕을 억제하고 에너지 대사를 증가시킨다. 물론 이때 식욕을 촉진하는 AgRP 뉴런은 억제된다. 이 식욕조절 회로를 '멜라노코르틴 경로'라고 한다.

렙틴의 발견은 비만 치료에 혁명을 불러올 것으로 큰 기대를 모았지만, 안타깝게도 그렇지는 못했다. 렙틴 유전자에 돌연변이가 일어나면 음식을 아무리 먹어도 계속 배고픔을 느껴 어릴 때부터 초고도 비만이 되지만, 비만인 사람 중에 렙틴 유전자가 잘못된 경우는 드물었던 것이다. 선천적으로 렙틴 유전자가 결핍된 사람에게는 효과적이었지만, 일반 비만 환자들에게는 렙틴을 투여해도 효과가 있는 경우가 많지 않았다. 대부분의 비만 환자들은 렙틴에는 문제가 없거나, 오히려 일반인보다 지방세포가 많아 혈중 렙

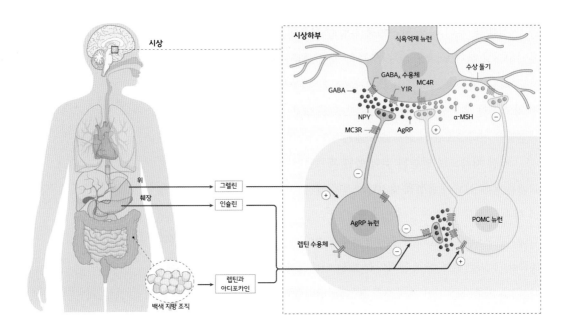

시상

시상하부
식욕억제 뉴런
GABA_A 수용체
MC4R
GABA
Y1R
수상 돌기
NPY
α-MSH
MC3R
AgRP
위
그렐린
췌장
인슐린
AgRP 뉴런
POMC 뉴런
렙틴 수용체
백색 지방 조직
렙틴과
아디포카인

틴 수치가 더 높게 나타나는데, 그럼에도 렙틴의 신호에는 무감각해지는 렙틴 저항성을 보인다. 마치 일반인과 인슐린 농도가 비슷하거나 오히려 더 높음에도 불구하고 인슐린에 대한 민감성이 떨어져 혈당이 조절되지 않는 제2형 당뇨병과 비슷하다.

그렇지만 렙틴의 발견은 비만과 관련된 메커니즘을 연구하는 데 큰 돌파구가 됐다. 렙틴의 발견 이후 식욕과 체중 조절에 관련된 수많은 유전자가 밝혀졌다. 렙틴 외에도 다양한 호르몬이 위장관, 간, 췌장 및 지방 조직에서 분비돼 식욕과 포만감을 조절하고 있다. 예를 들어 '그렐린'은 위에서 분비돼 식욕을 촉진하는 호르몬이다. 배고플 때 분비되는 그렐린은 시상하부의 AgRP 뉴런에 신호를 보내 음식 섭취를 자극한다. 이 외에도 지방량, 지방 조직의 배분, 기초 대사율 등에 관여하는 유전자도 발견됐다. 이처럼 비만은 하나의 단일 유전자가 아니라 수많은 유전자가 관여하는 복잡한 질병이다.

게다가 비만은 환경적 요인도 크다. 식습관, 생활습관, 연령, 인종, 사회·경제·문화 등 다양한 요인이 복합적으로 작용한다. 예를 들어 부유한 사람들보다 빈곤 계층의 사람들이 비만율이 더 높다. 식단 조절과 운동을 할 수 있을 만큼 시간적·경제적 여유가 없기 때문이다. 빈곤 계층의 사람들은 패스트푸드와 같은 가공 음식을 더 자주 섭취하고, 운동할 시간은 상대적으로 부족하다. 그래서 비만은 개인의 문제이기도 하지만, 동시에 사회적 문제이기도 하다. 국가 차원에서 비만 치료가 중요한 공중보건 및 정책 문제로 다뤄져야 하는 이유다.

◆ 식욕억제제, 지방흡수 억제제를 넘어

　그렇다면 비만은 어떻게 치료할까? 얼핏 보면 간단해 보인다. 체중을 감량하면 되기 때문이다. 섭취한 열량보다 더 많은 에너지를 소모하면 된다. 적게 먹고, 운동을 많이 하면 된다. 그래서 기본적으로 비만 치료는 식이요법과 운동 등으로 생활습관을 교정하는 것부터 시작한다. 설탕, 지방, 염분을 줄이고, 채소와 단백질 위주의 식단으로 식사하며, 유산소운동과 근력운동을 꾸준히 병행하면 체중을 감량할 수 있다. 이렇게 체중의 10% 정도를 줄이고 유지하는 것이 비만 치료의 목표다.

　하지만 말이 쉽지, 평생 유지해 온 생활습관을 바꾸는 것은 정말 어렵

기본적으로 채소와 단백질 위주로 식사하며 유산소운동과 근력운동을 병행하면 체중을 줄일 수 있다.

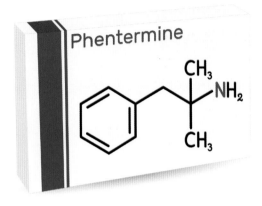

식욕억제제로 쓰이는 펜터민.
체중 감소 효과도 크지만,
향정신성의약품이라 부작용도
크다.

다. 이것만으로는 체중 감량이 되지 않는 경우가 더 많다. 앞서 살펴봤듯, 비만은 단순한 생활습관의 문제가 아니라 복잡한 대사 질환이기 때문이다. 게다가 안타깝게도 우리 몸은 체지방량을 유지하려는 경향이 있다. 이는 기근을 대비한 인류 진화의 산물인 것으로 알려져 있다. 그래서 비만 환자들은 체중을 감량해도 대부분 5년 이내 원래 체중의 80~95%로 돌아가는 요요 현상을 겪는다.

생활습관 교정만으로 체중이 조절되지 않으면, 약물 치료를 시작하게 된다. 지금까지 다양한 비만치료제가 개발됐지만, 많은 약물이 우울증, 자살 충동, 심혈관질환 등 심각한 부작용을 일으켜 시장에서 금지되거나 퇴출됐다. 그래서 시중에 사용되고 있는 비만치료제는 생각보다 많지 않다.

현재 사용되는 비만치료제는 크게 세 가지로 나눌 수 있다. 먼저 식욕을 억제해 음식을 적게 먹도록 하는 '식욕억제제'가 있다. 대표적으로 펜터민·토피라메이트 복합제(상품명 큐시미아), 날트렉손·부로피온 복합제(상품명 콘트라브) 등이 있다. 이들은 시상하부의 멜라노코르틴 경로에 작용하는 도파민, 노르에피네프린 등의 신경전달물질 양을 증가시켜 식욕을 억제하고, 에너지 대사량을 늘려준다. 펜터민·토피라메이트 복합제의 체중 감량 효과는 1년 복용 시 평균 6.8%, 날트렉손·부로피온 복합제의 경우는 평균 4%로 알려져 있다. 다만 식욕억제제는 중추신경계에 작용하기 때문에 향정신성의약품으로 분류되며, 그만큼 부작용이 심해 4주 이내, 최대 3개월까지 단기적으로만 복용할 수 있다. 특히 펜터민의 경우 필로폰으로 유명한 메스암페타민 계열의 약물로, 체중 감소 효과가 크지만 그만큼 부작용도 크다.

두 번째로 '지방흡수 억제제'가 있다. 지방이 많은 음식을 먹으면, 췌장에서는 지방 분해 효소인 리페이스(lipase, 리파아제)를 분비한다. 리페이스는 몸에 들어온 지방을 지방산과 모노글리세리드로 분해해 우리 몸으로 흡수시킨다. 지방흡수 억제제는 바로 이 리페이스를 억제해 섭취한 지방의 소화와 흡수를 줄이고, 지방의 체내 축적을 막는다. 대표적으로 오르리스타트(상품명 제니칼 혹은 알리)라는 약물이 있다. 오르리스타트는 1999년 미국 식품의약국(FDA)의 승인을 받은 세계 최초의 비만치료제이며, 25년이 훨씬 넘은 지금에도 꾸준히 처방되고 있다. 오르리스타트는 섭취한 지방의 약 30%를 배출시킨다. 임상시험에 따르면, 저칼로리 식단과 함께 오르리스타트를 1년간 복용한 사람들은 그렇지 않은 사람들보다 평균 2.9% 이상 체중을 더 감량했다. 체중 감량 효과가 크지는 않지만, 지방 분해 효소 이외의 다른 효소에는 영향을 미치지 않고 위장관 내에만 작용하기에 식욕억제제와는 달리 뇌에 영향을 미치지 않는다는 장점이 있다. 다만 지방이 많은 식사를 할 경우, 흡수되지 않은 지방이 대장까지 이동해 기름지고 묽은 대변을 볼 수 있다. 지방흡수 억제제를 복용하는 사람들은 이런 부작용을 줄이기 위해 고지방 식품을 피하고, 균형 잡힌 저칼로리 식이요법을 해야 한다. 또 지용성 비타민(A, D, E, K)은 잘 흡수되지 않을 수 있으므로 따로 챙겨 먹어야 한다.

✦ 비만치료제 대세로 떠오른 GLP-1 유사체

마지막으로 최근 비만치료제 시장을 휩쓸고 있는 주인공, '글루카곤 유사 펩타이드(GLP-1) 유사체'가 있다. GLP-1 수용체 작용제라고도 하며, 삭센다, 위고비 등이 여기에 속한다. 그런데 놀랍게도 GLP-1 유사체는 처음에는 비만치료제와 아무런 관련이 없었다. 원래 GLP-1 유사체는 당뇨병 치료제로 개발됐다.

우리가 섭취한 탄수화물은 위와 소장을 거쳐 포도당으로 분해된다. 혈액 속에 포도당 농도가 높아지면, 췌장은 인슐린을 분비해 포도당을 간이나 근육으로 보내 글리코겐으로 저장하도록 하면서 혈당을 낮춘다. 당뇨병은 이런 인슐린의 분비가 감소하거나, 인슐린의 효과가 떨어지면서 혈당이 조절되지 않는 질병이다. 과학자들은 1980년대 초, 당뇨병과 혈당 조절을 연구하던 중 GLP-1을 발견했다. GLP-1은 음식 섭취 후 장에서 분비되는 인크

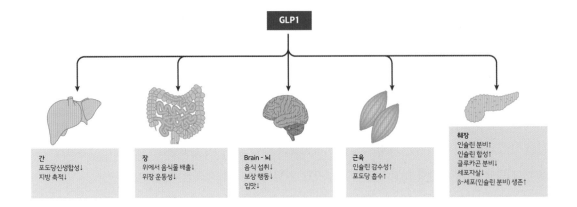

간
포도당신생합성↓
지방 축적↓

장
위에서 음식물 배출↓
위장 운동성↓

Brain - 뇌
음식 섭취↓
보상 행동↓
입맛↓

근육
인슐린 감수성↑
포도당 흡수↑

췌장
인슐린 분비↑
인슐린 합성↑
글루카곤 분비↓
세포자살↓
β-세포(인슐린 분비) 생존↑

GLP1

GLP-1의 기능.
ⓒ Nature Reviews Endocrinology

레틴 호르몬 중 하나로, 인슐린의 분비를 촉진한다. 글루카곤과 비슷해 글루카곤 유사(glucagon-like)라는 이름이 붙었지만, 이름과 달리 혈당을 높이는 글루카곤과는 정반대의 역할을 한다. GLP-1이 당뇨병 치료제로 처음 개발됐던 이유도 이 때문이다. 다만 우리 몸에서 GLP-1은 분해 효소인 DPP-4에 의해 금방 분해된다. 어떤 물질의 농도가 절반이 되는 데 걸리는 시간을 '반감기'라고 하는데, GLP-1의 반감기는 고작 1~2분 이내에 불과했다.

이에 제약회사들은 GLP-1과 구조가 비슷하고 체내에서 충분히 효과를 발휘할 수 있도록 반감기를 늘린 GLP-1 유사체를 개발하기 시작했다. 예를 들어 덴마크의 제약회사 노보 노디스크가 개발한 GLP-1 유사체 '리라글루타이드'는 GLP-1의 34번째 아미노산을 바꾸고, 26번째 아미노산에 탄소원자 16개 길이의 지방산 사슬을 붙인 분자다. 이 물질은 DPP-4가 분해하기 어려워 반감기가 13시간으로 길다. 그러면서도 GLP-1처럼 GLP-1 수용체에 붙어 효과를 나타낸다. 게다가 GLP-1 유사체는 기존 인슐린 분비 촉진제보다 혈당을 낮추는 효과가 컸고, 저혈당을 일으킬 위험도 적었다. GLP-1 유사체로 당뇨병 치료제를 개발해 임상시험을 진행하던 중, 뜻밖의 결과가 나왔다. GLP-1 유사체가 당뇨병 치료뿐 아니라 체중 감소에도 효과가 있었기 때문이다. 이후 추가 연구를 통해 GLP-1이 식욕 조절에도 관여한다는 사실이 밝혀졌다. 쥐의 뇌에 GLP-1을 주입했더니, 쥐가 음식을 덜 먹는다는 것을 확인한 것이다.

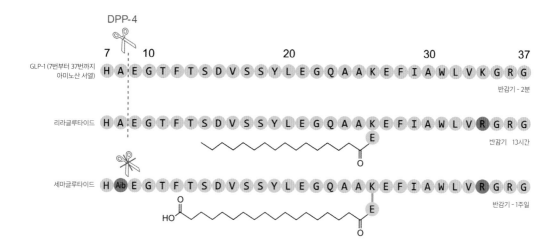

DPP-4

7   10   20   30   37

GLP-1 (7번부터 37번까지
아미노산 서열)
H A E G T F T S D V S S Y L E G Q A A K E F I A W L V K G R G
반감기 - 2분

리라글루타이드
H A E G T F T S D V S S Y L E G Q A A K E F I A W L V R G R G
반감기 - 13시간

세마글루타이드
H Aib E G T F T S D V S S Y L E G Q A A K E F I A W L V R G R G
반감기 - 1주일

● GLP-1과 리라글루타이드,
세마글루타이드의 비교.

    정리해보면, GLP-1은 위에서 음식물 소화 시간을 늘려 소장에서 포도
당이 흡수되는 속도를 늦추고 식후 혈당이 높아지는 것을 막는다. 또 뇌의
시상하부에 작용해 식사 후 포만감을 높여 식욕을 억제한다. 두 가지 효과를
확인한 노보 노디스크는 GLP-1 유사체인 리라글루타이드를 서로 다른 제
품으로 출시했다.

    하나는 당뇨병 치료제인 '빅토자', 또 다른 하나는 비만치료제인 '삭센
다'다. 비만 환자들에게 식이요법과 병행하며 삭센다를 1년간 투여한 결과,
체중 감량 효과가 평균 5.4%인 것으로 나타났다. 드라마틱한 효과는 아니지
만, 삭센다는 기존의 치료제들보다 부작용이 적어 출시 이후 비만치료제 시
장에서 곧장 1위를 차지했다.

    그런데 반감기를 아무리 늘렸다고 해도, 삭센다는 하루가 지나면 약
효가 떨어졌다. 그래서 매일 1회씩 주사로 투여해야 했는데, 이는 꽤 귀찮고
불편한 일이었다. 이에 노보 노디스크는 체내에 더 오래 남아 효과를 유지
할 수 있도록 개선된 약물을 개발하기 시작했는데, 이것이 바로 '세마글루타
이드'다. 세마글루타이드는 리라글루타이드에서 아미노산 하나를 바꾸고,
18개의 지방산 사슬을 붙인 물질이다. 세마글루타이드는 반감기가 약 7일
(165~184시간)로 늘어, 일주일에 한 번만 투여하면 되기에 훨씬 간편했다. 노

보 노디스크는 리라글루타이드처럼 세마글루타이드를 당뇨병 치료제인 '오젬픽'과 비만치료제 '위고비'로 각각 출시했다. 위고비는 펜 모양의 주사제로 0.25mg, 0.5mg, 1mg, 1.7mg, 2.4mg의 총 5가지 용량으로 출시됐다. 주사제 하나가 4주 투약분이며, 주 1회 0.25mg으로 시작해 4주 간격으로 용량을 늘려 투여할 수 있다.

위고비는 임상시험에서 전례 없는 효과를 보였다. 16개월간 위고비를 투여한 사람들은 체중을 무려 15% 이상 감량했다. 앞선 비만치료제들이 고작 5% 이내의 효과를 보인 것과 비교하면 엄청난 결과다. 위고비를 투여받은 환자들은 식욕도 크게 줄었다는 반응을 보였다. 2021년 출시 이후, 위고비는 엄청난 속도로 처방되기 시작했다. 생산량이 수요를 따라가지 못할 정도로 폭발적인 인기였다. 위고비가 부족해지자, 동일한 성분이라는 이유로 오젬픽까지 동이 나기도 했다.

◆ GLP-1 유사체, 체중 감량 비롯한 '만능 효과' 보여

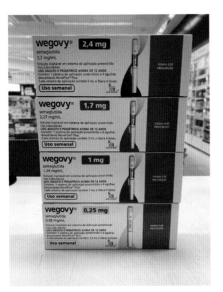

펜 모양의 주사제 위고비. 0.25mg, 0.5mg, 1mg, 1.7mg, 2.4mg의 총 5가지 용량으로 출시됐다.

'위고비 신드롬'은 여기에서 그치지 않았다. 위고비를 포함한 GLP-1 유사체가 체중 감량을 넘어 다른 효과가 있다는 연구들이 속속 발표되면서, GLP-1 유사체는 급기야 '기적의 약', '만능 치료제'로 불리기 시작했다.

우선 GLP-1 유사체가 심혈관질환에 효과가 있다는 연구가 발표됐다. 과체중과 심부전이 있는 529명의 환자 중에서 1년간 위고비를 투여받은 사람들은 그렇지 않은 사람들보다 심장 기능이 약 2배 개선됐고, 6분 동안 20m를 더 걸을 수 있었다. 또 과체중과 심혈관질환이 있는 1만 7604명을 대상으로 한 임상시험에서도 위고비를 투여받은 사람들은 그렇지 않은 사람들보다 심근경색 및 뇌졸중 위험이 20% 더 낮게 나타났다. 이런 결과를 바탕으로, 노보 노디스크는 미국식품의약국(FDA)에 위고비를 심장 치료제로까지 확대해 승인받는다는 계획이다.

알츠하이머(치매)에도 GLP-1 유사체가 효과를 보였다. 경증 알츠하이머 환자의 뇌를 보호하고, 기억, 학습, 언어 및 의사결정에 필수적인 뇌 부위의 위축을 늦췄다. 영국 임페리얼 칼리지 런던 연구팀이 리라글루타이드를 1년간 경증에서 중증도의 알츠하이머 환자 204명에게 투여한 후 인지 검사를 한 결과, 리라글루타이드를 투여한 사람들은 그렇시 않은 사람들보다 인지 저하가 최대 18%까지 줄어들었다. 동물 모델을 대상으로 진행된 연구에서도 리라글루타이드는 신경 보호 효과가 있는 것으로 나타났다.

지난 9월 미국 심장학회지에는 위고비가 심혈관질환뿐만 아니라 훨씬 더 광범위한 질병에까지 영향을 미쳐 모든 원인으로 인한 사망률을 19% 줄인다는 연구 결과도 발표됐다. 연구팀은 세마글루타이드를 투여한 사람들은 심부전 증상이 개선되고 신체의 염증 수치가 낮아졌다며, 위고비가 건강을 증진하고, 노화 과정을 지연시키는 것 같다고 설명했다.

이뿐만이 아니다. 비만 환자들과 당뇨병 환자들은 GLP-1 유사체로 치료받는 동안 술과 담배에 대한 갈망이 줄어들었다고 말했다. 이에 과학자들은 약물 중독에 GLP-1이 효과가 있는지를 연구하기 시작했다. 환자들의 증언대로 GLP-1 유사체가 마약이나 알코올, 담배와 같은 중독을 줄여준다는 연구 결과들이 속속 발표되고 있다. GLP-1 유사체를 투여받은 환자들은 그렇지 않은 사람들보다 마약 과다 복용률이 40%, 알코올 중독률이 50% 낮았다. 아직 구체적인 메커니즘이 밝혀지지는 않았지만, 이 약물이 도파민과 같이 쾌락에 대한 욕구를 매개하는 뇌의 보상체계에도 영향을 미치는 것으로 추정된다.

이로 인해 국제학술지 《사이언스》는 2023년 최고의 과학적 성과로 비만치료제를 꼽았다. 미국 매사추세츠공대(MIT)가 발행하는 《MIT 테크놀로지 리뷰》도 비만치료제를 2024년 10대 혁신 기술에 포함시켰다. GLP-1을 발견하고 약물 개발에 기여한 과학자들은 2024년 래스커상을 수상했다. 래스커상은 '예비 노벨 생리의학상'이라 불릴 정도로 의학 분야에서 가장 권위 있는 상 중 하나다.

⚡ 부작용, 비싼 가격은 한계

하지만 기대감만큼 우려의 목소리도 적지 않다. 모든 약이 그렇듯, GLP-1 유사체도 부작용이 있다. 가장 흔한 부작용은 메스꺼움, 구토, 설사, 변비, 복통 등 위장관계 반응이다. 다행히 이런 부작용은 경미하고 일시적이기에 치료를 시작하고 몇 주가 지나면 가라앉지만, 그럼에도 5~10%의 사람들은 이 부작용으로 치료를 중단하기도 한다. 또 제2형 당뇨병 환자의 경우, 당뇨병 치료제와 위고비를 함께 복용하면 드물게 저혈당이나 망막 병증 등이 발생할 수 있어 시력 변화가 있는지 주의해야 한다. 아주 드물게 급성 췌장염과 담낭(쓸개) 질환과 같은 심각한 부작용이 나타날 수도 있다. 또 동물실험에서 갑상샘 종양이 발생한 경우가 보고되기도 했다. 사람에게도 같은 부작용을 일으키는지는 아직 명확히 밝혀지지 않았지만, 위고비 제품에는 이에 대한 경고 표시가 부착돼 있다. 아직 GLP-1 유사체를 장기 투여받은 환자가 없기 때문에, 장기 투여에 따른 추가 부작용도 지켜봐야 하는 부분이다.

비싼 가격도 걸림돌이다. 미국에서는 위고비 4주 투약분이 약 180만 원이나 된다. 한국에서는 공급가가 37만 2,000원으로 책정됐지만, 비급여 의약품이다 보니 병원과 약국이 개별적으로 가격을 책정할 수 있다. 현재 위고비 4주 투약분의 국내 소비자 가격은 약 50~60만 원이다. 그러다 보니 위고비가 비만의 사회적 불평등을 더 부추긴다는 지적도 나온다. 앞서 설명했듯, 저소득 계층일수록 비만 환자들이 많다. 이들이야말로 비만치료제가 필요한 사람들인데, 비싼 약값 때문에 위고비를 처방받지 못하고 있다. 실제로 미국 뉴욕에서 비만치료제가 가장 많이 처방된 곳은 비만율이 가장 낮은 부유층들이 사는 지역이라고 한다. 정작 비만율이 높고 당뇨병 발병이 많은 지역의 주민들은 비만치료제를 처방받은 비율이 절반에 불과했다.

전문가들이 가장 우려하는 부분은 비만 환자가 아니라 정상 체중인 사람들이 비만치료제를 미용 목적의 '다이어트약'으로 오남용하는 것이다. 삭센다가 대표적인 사례였는데, 위고비 역시 출시 첫 주 만에 우려를 현실로 만들고 있다. 국내 출시 후 사회관계망서비스(SNS)에는 비만이 아닌 사람에게도 위고비를 처방해준다는 병원 목록이 돌고 있고, 비대면 진료와 해외직구를 통해 위고비가 무분별하게 유통되고 있다. 한국에서는 BMI가 30 이상이거나 BMI가 27~30이면서 고혈압 등의 동반 질환이 1개 이상인 경우에만 위고비를 처방받을 수 있나. 위고비는 다이어트약이 아니라 '치료제'라는 것을 명심해야 한다. 비만 치료가 아니라 미용 목적으로 위고비를 투여한다면 효과보다는 부작용을 경험할 확률이 더 높으므로, 오남용하지 않도록 주의해야 한다.

당뇨병 치료제 '오젬픽'은 비만치료제 '위고비'와 주성분이 세마글루타이드로 같아 체중 감소 효과가 있다. 하지만 오젬픽이든 위고비든 미용 목적의 다이어트약으로 오남용하지 말아야 한다.

🔷 위고비 이후 출시될 새로운 비만치료제들

위고비의 엄청난 성공으로 많은 제약 회사들은 후속 비만치료제를 개발하고 있다. 우선 위고비를 출시한 노보 노디스크는 주사제가 아닌 경구용 비만치료제를 출시할 준비를 하고 있다. 아무래도 주사로 약을 투여하는 것에 거부감을 느끼는 환자들이 많기 때문이다. 또 투여 간격을 더 늘릴 수 있는 약물을 개발하고 있다.

GLP-1 수용체뿐만 아니라 다른 수용체에도 작용해 효과를 내는 다중 작용제 약물을 개발하는 곳도 많다. 2023년 출시된 일라이 릴리의 '티르제파타이드'가 대표적이다. 티르제파타이드는 당뇨병 치료제인 '마운자로'와 비만치료제인 '젭바운드'로 각각 출시됐는데, 티르제파타이드는 GLP-1 수용체뿐만 아니라 포도당 의존성 인슐린 분비촉진 폴리펩티드(GIP) 수용체에도 작용하는 이중 작용 약물이다. GIP는 십이지장에서 분비되는 또 다른 인크레틴 호르몬으로, 인슐린 분비를 촉진하는 역할을 한다. 티르제파타이드는 GIP 수용체에도 결합하기 때문에 GLP-1 수용체에만 결합하는 세마글루타이드보다 효과가 더 좋은 것으로 알려져 있다. 실제로 임상시험에서 젭바운드의 체중 감량 효과는 평균 18.4%로, 위고비보다 더 높았다. 이렇게

일라이 릴리의 비만치료제 '젭바운드'. GLP-1 수용체와 GIP 수용체에 동시에 작용한다.
© Lilly

여러 경로를 동시에 표적으로 해 효과를 높이고 부작용을 줄이려는 시도가 이뤄지고 있다.

췌장에서 인슐린과 함께 분비되는 '아밀린'이라는 호르몬을 대상으로 한 약물도 개발되고 있다. 아밀린은 아밀린 수용체에 결합해 음식 섭취를 줄이고, 위에서 음식물이 머무는 시간을 늘리며 혈당을 높이는 글루카곤 분비를 억제하는 식으로 식후 포만감 조절에 중요한 역할을 한다. 노보 노디스크는 GLP-1 수용체와 아밀린 수용체 모두에 효과를 낼 수 있는 약물을 개발하고 있다.

위장에서 분비되는 호르몬이 아니라 아예 다른 경로를 표적으로 하는 약물들도 개발되고 있다. 이들 약물은 GLP-1 유사체와 같은 비만치료제가 칼로리를 섭취하는 것에 제한을 둔다는 점과 달리, 섭취한 칼로리를 소비하는 측면에 중점을 둔다. 근육량을 높이거나 신체 대사를 활성화시켜 에너지 소비를 높인다는 뜻이다. 예를 들어 '비마그루맙'이라는 약물은 골격근의 성장을 촉진하는데, 원래 근육감소증 환자들을 위한 약으로 개발됐으나 임상시험에서 유효성을 입증하지 못해 폐기 위기에 처했다. 그런데 당뇨병과 비만 환자를 대상으로 한 임상시험에서 지방량 감소와 대사 장애 치료에 효과가 있다는 결과가 나오면서 근육이 줄어드는 비만 환자들에게 매력적인 치료제로 떠오르고 있다.

비만 환자들에게서 갈색 지방세포의 활성이 떨어진다는 연구 결과가 발표되면서, 갈색 지방세포 또한 비만 치료의 또 다른 표적으로 연구되고 있다. 지방세포는 크게 백색과 갈색, 베이지색 지방세포로 나뉜다. 백색 지방세포는 우리가 흔히 '지방' 하면 떠오르는 세포로, 에너지를 저장하는 역할을 한다. 반면 갈색 지방세포는 미토콘드리아가 많아 갈색을 띠며, 열을 발생시켜 체온을 유지하고 에너지를 소모하는 역할을 해 비만을 막아주는 역할을 한다. 베이지색 지방은 그 중간 단계다. 과학자들은 백색 지방을 갈색 지방으로 전환하는 지방세포 리모델링을 유도하거나, 미토콘드리아의 에너지 소비를 활성화해 체중 감량을 촉진하는 물질을 개발하고 있다.

현재 전 세계적으로 성인과 어린이, 청소년 모두에서 비만 환자가 계

지방세포의 유형

핵

백색 지방세포

지질 방울

베이지색 지방세포

미토콘드리아

갈색 지방세포

속 늘어나고 있다. WHO에 따르면 2022년 기준으로 전 세계 비만 인구는 10억 3800만 명에 이른다. '세계비만연맹'은 비만 인구의 10억 명 돌파 시점을 2030년으로 예상했는데, 예상보다 훨씬 빠른 속도다. 이대로라면 2035년에는 세계 인구의 절반 이상, 즉 40억 명 이상이 과체중 또는 비만이 될 것으로 보인다.

한국도 마찬가지다. 한국의 비만 유병률도 증가 추세인데, 2021년 기준으로 성인 전체 인구의 비만 유병률은 38.4%다. 다만 여성은 완만히 증가하고 있는 반면, 남성은 2021년 37.3%에서 2021년 49.2%로 비만 유병률이 크게 증가했다. 한국의 성인 남성 2명 중 1명은 비만인 셈이다. 위고비를 필두로 한 차세대 비만치료제들이 '게임 체인저'가 되어, 늘어나는 비만 인구의 고민을 해결하고 이들에게 건강한 삶을 선사할 수 있기를 기대해 본다.

자동차 급발진의 진실

김필수

자동차 관련학과 교수 중 드물게 전자제어를 전공했고, 1996년부터 대림대학교 미래자동차학부 교수로 재직하고 있다. 현재 자동차급발진연구회 회장을 맡고 있으며, (사)한국전기차협회 회장, (사)한국자동차튜닝산업협회 회장, (사)한국PM산업협회 회장, (사)한국수출중고차협회 등 사단법인 10여 개의 회장도 맡고 있다. 중앙정부와 지자체 각 부처의 자문위원으로 활동하고 있으며, 방송 MC 등 다양한 방송 활동도 하고 있다. 500여 회의 특강을 했고, 칼럼 6000여 편, 논문 150여 편 등을 작성했으며, 『바퀴 달린 것에 투자하라』 『미래의 자동차 융합이 좌우한다』 『자동차 환경과 미래』 등 50여 권을 저술했다. 최근 미래 모빌리티 산업과 기술적 진보 등은 중심으로 정책과 산업, 비즈니스 등 다양한 분야의 연구와 융합모델도 진행 중이다.

자동차 급발진 사고의 원인과
대책은?

●
자동차가 급발진을 일으킨다면
교통 사고를 피할 수 없을
것이다.

최근 국내의 자동차 사고 중 자동차 급발진을 주장하는 운전자들이 급
증하고 있다. 자동차 급발진 사고는 가장 많이 사용하는 내연기관차는 물론
이고 하이브리드차 및 전기차 등 미래 이동수단도 예외는 아니다. 자동차 급
발진이 실제 발생하는 경우 운전자는 공포감이 급증하면서 패닉 상태가 되
어 어떠한 응급조치도 하지 못하는 경우가 대부분이다. 이런 자동차 급발진
(sudden unintended acceleration accidents)은 미국 도로교통안전국(NHTSA)에서
'정지된 상태 또는 매우 낮은 초기속도에서 명백하게 제동력 상실을 동반한,

의도하지 않고 예상치 못한 고출력의 사고'라고 정의하고 있다. 즉 운전자는 본인의 의지와는 무관하게 자동차가 급가속되어 사망까지 이르게 하는 공포의 사고라 할 수 있다. 지난 수십 년간 발생하면서도 해결하지 못하고 미래의 이동수단이라 하는 전기차에 이르기까지 모든 차종에 발생한다는 측면에서 더욱 공포감을 발생시키는 두려움의 대상이 되고 있다.

물론 우리나라의 경우 운전자가 급발진 의심 사고 이후 제도적으로 절대적으로 불리하여 왜곡된 결과가 도출될 정도로 심각했다. 하지만 최근 정부를 비롯한 공공기관에서 적극적으로 해결하고자 하는 노력, 특히 법적 개정이나 재판과정에서 '기울어진 운동장'이란 법규의 균형을 잡고자 노력을 기울이고 있는 부분은 고무적이다.

자동차 급발진의 원인과 대처방법부터 발생 이후의 법적인 개선 움직임은 물론이고 해외 사례까지 자동차 급발진 관련 내용을 자세히 살펴보자.

◆ 급발진 의심 사고는 언제부터 시작됐나?

자동차 급발진 사고는 1980년 초 기계식 엔진을 장착한 자동차에서 전자제어 시스템을 가미하면서 발생하기 시작했다. 국내의 경우 대우차에서 판매한 '르망'이 최초로 전자제어 시스템을 가미한 차종이다. 이 차량은 국내에서 최초로 전자제어 엔진을 탑재하여 인기를 끈 베스트셀러 모델이다. 그 이후 40여 년간 '공포의 사고'가 이어져 오고 있다. 국내에서는 실제로 급발진 사고가 발생했는지를 확인하기 어려운 만큼 '자동차 급발진 의심 사고'로 정의하여 지금까지 진행되어 오고 있다.

현재 국내 차량의 경우 전체의 약 80% 정도는 영상블랙박스가 탑재되어 있는데, 이는 전 세계적으로 가장 많은 영상블랙박스가 탑재된 경우다. 국내에서 자동차 급발진 의심 사고가 발생하였을 경우 블랙박스 영상을 통하여 어느 정도 확인할 수 있는데, 의심할 만한 증거가 나오면 더욱 관심을 받는다. 심지어 해외에서조차 국내 영상을 인용할 정도로 사고 영상은 글로벌 관심의 대상이 된다. 최근 이런 영상을 바탕으로 사고 발생 시 자동차 급

차량 블랙박스는 자동차 급발진 의심 상황을 영상으로 기록해 보여줄 수 있다.

발진을 주장하는 운전자들이 급증하고 있다. 하지만 동시에 고령 운전자 사고까지 증가하면서 이 두 요소가 혼재되는 양상도 나타나고 있다.

자동차 급발진 의심 사고는 차종에 따라 특이사항이 있으며, 짧게 수 초 만에 끝나는 사고부터 수십 초 이상 길게 발생한다. 이때 다양한 운전자 정보까지 녹음되면서 사회적 이슈가 되기도 하였다.

✦ 사고 원인은 오동작인가? 알고리즘 이상인가?

자동차 급발진 의심 사고가 발생한 1980년 초부터 2000년대 초까지 자동차 급발진을 찾고자 많은 노력을 기울여왔다. 사고의 원인은 다양한 요인이 부각됐다. 즉 전자제어에 습기가 포함되어 오동작한다는 주장이 나오거나 오조작은 물론 기판의 냉납땜(겉으로 보기에 정상적인 납땜인 듯 보이나 실제는 접촉저항이 큰, 잘못된 납땜 상태), 알고리즘의 이상 등이 언급됐다. 국내에서도 다양한 실험을 통해 원인 파악에 나섰으나 실패했다. 2013년의 국토교통부의 공개 실험을 통한 자동차 급발진 시험방법은 과학적이기보다는 사회적 관심을 고려한 접근방법으로 한계가 컸다. 미국에서는 심지어 미국

U.S. Department Of Transportation Releases Results From NHTSA-NASA Study Of Unintended Acceleration In Toyota Vehicles

Thursday, August 1, 2019

The U.S. Department of Transportation released results from an unprecedented ten-month study of potential electronic causes of unintended acceleration in Toyota vehicles. The National Highway Traffic Safety Administration (NHTSA) launched the study last spring at the request of Congress, and enlisted NASA engineers with expertise in areas such as computer controlled electronic systems, electromagnetic interference and software integrity to conduct new research into whether electronic systems or electromagnetic interference played a role in incidents of unintended acceleration.

NASA engineers found no electronic flaws in Toyota vehicles capable of producing the large throttle openings required to create dangerous high-speed unintended acceleration incidents. The two mechanical safety defects identified by NHTSA more than a year ago – "sticking" accelerator pedals and a design flaw that enabled accelerator pedals to become trapped by floor mats – remain the only known causes for these kinds of unsafe unintended acceleration incidents. Toyota has recalled nearly 8 million vehicles in the United States for these two defects.

U.S. Transportation Secretary Ray LaHood said, "We enlisted the best and brightest engineers to study Toyota's electronics systems, and the verdict is in. There is no electronic-based cause for unintended high-speed acceleration in Toyotas."

항공우주국(NASA)까지 나서서 다양한 실험을 통한 접근을 했으나 역시 실패했다. 그 이후 미국에서 토요타 자동차 급발진 문제가 부각됐는데, 소송과정에서 운전자 측의 전문가 역할을 했던 바(Barr) 그룹에서 자동차 알고리즘의 오류를 통한 자동차 급발진 현상을 일부 재현에 성공했고 이를 제시하면서 천문학적인 보상을 합의하기에 이르렀다. 이를 통해 자동차 급발진 사고의 원인은 자동차 전자제어, 즉 알고리즘의 이상으로 파악되고 있으며, 국내 자동차급발진연구회에서도 같은 이유라 판단하고 있다.

현재의 자동차는 단순한 기계 덩어리가 아니라 '움직이는 생활공간', '움직이는 가전제품'이고 심지어 '바퀴 달린 스마트폰'인 만큼, 제어시스템의 이상으로 인한 고장을 추정할 수 있다. 우리가 일상생활에서 스마트폰을 사용하다가 기기 자체의 프로그램이 돌아간다든지 꺼지는 식으로 다양한 문제가 발생하듯이, 자동차도 유사 제품에 바퀴만 붙인 제품이라고 판단하면 얼마든지 자동차 급발진 같은 이상 현상이 발생할 수 있다는 뜻이다. 따라서 내연기관차에 전자제어 시스템을 넣으면서 발생하기 시작하여 전기차 같은 미래 이동수단에도 계속 발생하고 있다고 판단된다.

미국 교통부(DOT)에서 토요타 자동차의 급발진에 대한 미국도로교통안전국(NHTSA)과 미국항공우주국(NASA)의 조사 결과를 발표했다는 보도자료 사이트. 기존에 알려진 기계적 결함 외의 전자제어 결함을 발견하지 못했다는 내용이 포함돼 있다.
© DOT

문제는 자동차 급발진 의심 사고가 발생한 이후 흔적이 남지 않고 재현이 불가능한 만큼 사고 이후 운전자는 책임소재에 있어서 가장 불리한 상황이 놓인다는 점이다. 특히 국립과학수사연구원(국과수)에서도 자동차 급발진 사고 이후 사고 차량을 세밀하게 검사해도 브레이크 등은 정상 동작하는 이유도 바로 여기에 있다.

✦ 급발진 의심 사고 차량 대부분은 가솔린엔진과 자동변속기의 조합

자동차에 전자제어 시스템을 넣으면서 급발진 의심 사고가 발생하기 시작한 만큼, 알고리즘의 오류 등 유사 원인으로 인하여 가솔린엔진이나 디젤엔진을 가진 내연기관차는 물론이고 하이브리드차나 전기차 등도 관련 사고에서 예외는 아니다. 최근 전기차의 보급 대수가 늘면서 지속적으로 전기차의 급발진 발생이 늘고 있는 부분은 주목할 만한 일이다. 가장 많은 대상은 택시다. 주로 LPG엔진을 탑재하고 있는 택시는 가솔린엔진과 같이 불꽃 점화방식이 적용되고 보급 대수가 많으며 운행시간과 거리 등도 많은 만큼 자동차 급발진 의심 사고 발생빈도도 가장 높다. 자동차급발진연구회에서 파악한 바로는 전체 급발진 의심 사고 차량 중 약 80~90%가 가솔린엔진과 자동변속기의 조합을 가진 차량이고, 나머지 10~20%는 전자제어 디젤엔진 자동차, 하이브리드차, 전기차 등이다. 물론 전기차 등의 급발진 횟수가 늘어나고 있는 부분은 눈여겨봐야 할 점이다.

가솔린엔진은 불꽃 점화방식으로 연료와 공기를 섞은 상황에서 불쏘시개 같은 점화장치를 통하여 폭발을 일으켜 힘을 낸다. 이 때문에 자동차 급발진 발생 시 정지상태에서 급가속하는 특성이 매우 강하여 운전자 등이 대처할 수 있는 시간적 여유가 없는 특성이 있다. 반면 전자제어 디젤 자동차는 공기를 압축하고 뜨거워진 공기 속에 고압으로 연료를 분사하여 터뜨린다. 이 원리는 압축 착화방식이라 부른다. 이 방식의 차량은 저속 고토크의 특성으로 설사 급발진이 발생하여도 가솔린 차량에 대비해 느리게 가속되어 충격의 강도는 낮은 편이다. 또 전기차는 가솔린 차량보다도 높은 제로백(정지상태에서 시속 100km에 이르는 시간)이 있는 만큼 자동차 급발진 발생시 더욱 큰 충격과 사고 정도를 나타낼 수 있다.

자동차 급발진 의심 사고의 발생 상황은 예전에는 정지상태에서 출발할 때 급발진이 발생하는 경우가 많았는데, 특히 택시 등이 자동 세차 이후 출발할 때 자동차 급발진이 발생하는 경우가 상당수였다. 현재는 상황을 불문하고 운행 도중에 발생하기도 하고 장애물이 부닥친 후 갑자기 급발진이 발생하는 경우도 있으며, 자동차가 자동으로 전후로 움직이는 사례까지 있다.

앞으로 자동차의 전동화 특성이 더 커짐에 따라 전자제어와 소프트웨어가 많아지면서 급발진 의심 사고가 발생할 가능성이 더 높아질 수 있다. 현재의 자동차는 실시간 무선 업데이트(OTA, Over The Air)를 하는 자동차가 대부분이라서 자동차 급발진 가능성은 더욱 높아질 것으로 예상된다. 또한 내연기관차의 경우 자동변속기의 조건에서 급발진 의심 상황이 발생하고 있는 반면, 수동변속기 차량은 전혀 자동차 급발진이 발생하지 않는다는 점도 유의해야 한다. 즉 운전자가 동력을 이어주고 끊어주는 장치가 수동변속

고급 자동차일수록
자동변속기는 물론이고
많은 전자제어장치와 관련
소프트웨어를 장착하고 있다.

기라서 급발진이 전혀 발생할 수 없다는 뜻이다. 그래서 수동변속기 차량이 전체 차량의 과반을 차지하는 유럽에서 급발진 사고가 적은 이유다. 우리나라의 경우 수동변속기 차량이 더 이상 출고되지 않아 선택의 여지가 없다는 점은 아쉬울 수 있다.

자동차 급발진이 발생하면 특이한 현상이 여러 가지 나타난다. 내연기관차 기준으로 자동차 급발진이 발생하면 우선 엔진 굉음이 크게 들리고 브레이크는 딱딱하게 변해서 발을 세게 밟아도 말을 듣지 않으며, 배출가스도 하얗게 불완전 연소가 되는 특성이 겹친다. 물론 한두 가지만 발생하기도 한다. 동시에 모든 장치가 작동되지 않아서 장애물과 충돌해야지만 정지한다는 특성도 있다. 물론 자동차 급발진 의심 상황이 수 분 이상 발생하면서 이런저런 작동을 하여 차량을 세운 기적적인 사례도 여러 건 있다.

◆ 미국보다 유럽에서 급발진 사고 발생빈도가 적어

매년 국토교통부에 신고되는 자동차 급발진 의심 사고 건수는 30~100건 정도이다. 그러나 실제 발생하는 자동차 급발진 의심 사고 건수는 20배 정도로 추산된다. 신고 건수 100건을 기준으로 하면 실제 발생 의심 건수는 약 2,000건 내외라는 뜻이다. 이 중 약 80~90%는 운전자 실수로 판단되고 있다. 즉 발생 의심 건수 중 운전자 실수는 1,600~1,800건 정도로 추산되고, 실제로 발생하는 급발진 의심 건수는 약 300건 내외라는 뜻이다. 국내 자동차 등록 대수 약 2,600만 대 기준으로 하루~이틀 사이에 한 건도 정도는 발생한다는 말이다. 여기에는 간단한 액땜 형태로 끝나는 사건부터 실제로 목숨을 잃는 심각한 자동차 사고도 있다는 뜻이다.

최근의 자동차 급발진 의심 사고 중 고령 운전자 사고가 매년 약 20% 증가하는 상황이다. 5~6초 이내로 끝나는 자동차 사고에서는 운전자가 가속페달을 밟았는지 아니면 브레이크를 밟았는지 기억이 나지 않을 만큼 패닉 상태여서 사고 이후 면피 기능으로 무작정 자동차 급발진이라고 핑계를 대는 경우도 매우 많다.

예전 서울시청 자동차 사고로 9명의 목숨을 앗아간 사건을 살펴보면, 약 200m 거리를 진행한 뒤 짧게 끝난 사건으로 운전자는 계속 급발진이라고 주장하였으나 필자가 보기에도 과실치사 가능성이 높다고 판단됐다. 경찰 조사결과 실제로 과실치사로 판명됐다. 특히 이렇게 짧게 끝나는 자동차 사고의 경우 자동차 급발진을 주장하여도 이를 뒷받침할 수 있는 증거가 거의 없다는 한계점이 있다. 이렇게 급발진을 주장하는 운전자의 경우 고령 운전자가 대부분일 것으로 예상되지만, 실제로는 50대 이하가 관련된 사고가 전체 급발진 의심 사고 중 약 57%에 이른다.

연령대별 '급발진 의심' 사고 비중

2014년부터 2024년 6월까지 신고된 급발진 주장 사고 신고 건수 총 456건 중에서 신고자 연령이 확인된 사례는 396건이다. 이를 분석한 결과 60대 이상보다 50대 이하가 더 많은 것으로 밝혀졌다.

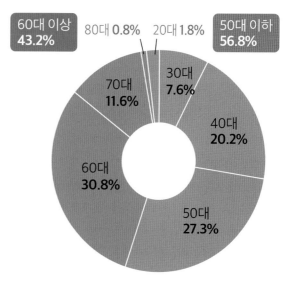

60대 이상 43.2%
80대 0.8%
20대 1.8%
50대 이하 56.8%
70대 11.6%
30대 7.6%
40대 20.2%
60대 30.8%
50대 27.3%

© 한국교통안전공단, 더불어민주당 안태준 의원

해외에서의 자동차 급발진 사고 현황을 보여주는 그리 명료한 자료는 없다. 국내에서도 비공개가 많고 실제로 정부가 관련 사고에 대해 소비자에게 해주는 일이 없는 상황에서 그리 크지 않는 사고의 경우에는 액땜이라고 생각하며 자체적으로 정리하기 때문이다. 필자에게 연락 오는 사건의 수가 정부 통계보다 훨씬 높은 정도이니, 다루기 쉽지 않은 어두운 영역이다.

미국도 우리나라와 비슷하게 가솔린엔진과 자동변속기가 장착된 차량이 자동차 급발진 사고의 주도 차량이어서 급발진 사고가 많이 발생하는 국가라 할 수 있다. 그러나 우리와 다르게 법적 체계가 완전히 반대여서 소송 과정에서 주로 합의가 되는 만큼 사회적 이슈가 되는 부분은 적다. 우리나라처럼 대부분의 차량에 영상블랙박스가 장착되어 외부로 관련 의심 사고 영상이 노출되어 사회적 이슈로 발전하는 경우와는 다르다.

유럽은 전체 2대 중의 1대가 디젤차량이고 또한 전체 차량 중 약 과반이 수동변속기 차량이어서 전체적으로 급발진 사고의 발생빈도가 워낙 낮다. 여기에 보도의 기준이 입증된 사건의 경우에만 보도하는 특성이라 공식적인 매체에 의한 보도보다는 SNS 등을 통해 알려지는 경우가 많다. 일본의 경우도 보도 특성이 유사하다.

◆ 국내 자동차 급발진 사고와 관련된 법규는?

국내에서 자동차 급발진 의심 사고가 지난 40여 년간 발생하였음에도 단 한 건도 최종 승소한 경우가 없다. 그만큼 관련 법규가 운전자에게 절대적으로 불리한 '기울어진 운동장' 상황이라 할 수 있다. 즉 관련 법규인 제조물책임법(PL법)에는 운전자가 자동차의 결함을 밝혀야 하는 구조로 되어 있어서, 문외한이라 할 수 있는 운전자가 가장 복잡한 자동차의 결함을 찾는 것은 불가능하기 때문이다. 여기에 자동차 급발진의 원인은 전자제어의 이상으로 추정되는 만큼 흔적이 남지 않아서 국과수에서 조사한 결론도 브레이크가 정상 동작하는 등으로 밝혀져 불리한 경우가 대부분이라 할 수 있다. 특히 자동차 사고기록장치인 EDR(Event Data Recorder)의 기록도 '제작사의 면

자동차의 두뇌라 불리는 전자제어장치(ECU). 이를 통해 일명 자동차 사고기록장치인 EDR에도 자료가 기록된다. 하지만 자동차 급발진 시 EDR 기록은 신빙성이 떨어질 수 있다.

죄부'라고 언급될 정도로 운전자에게 불리하게 작용하기 때문이다.

EDR이라고 불리는 장치는 이전에 제작사가 자사 차량의 에어백이 터지는 전개과정을 보기 위해 넣은 소프트웨어가 어느 시점부터 자동차 사고기록장치로 둔갑한 경우다. 이 기록은 자동차가 정상적으로 동작한 경우에는 중요한 증거로서의 역할이 크다고 할 수 있으나 실제로 자동차 급발진이 발생했을 경우에는 신빙성이 떨어진다. 급발진의 경우 자동차 전자제어시스템이 오동작하고 있는 만큼 자동차의 두뇌라 할 수 있는 전자제어장치(ECU)를 통해 기록되는 EDR의 기록은 신뢰성 측면에서 문제가 있을 수 있기 때문이다. 즉 치매환자나 정신병자의 증언은 증거로 사용할 수 없는데, EDR의 기록도 증거로 사용하는 데 문제가 많다. 그럼에도 수십 년간 다양한 재판과정에서 국과수에서 제출한 EDR 자료는 운전자가 패소하는 직접적인 증거로 활용되었다.

지난 3년 전 발생한 강릉 급발진 사고의 경우는 이에 대한 자동차 급발진에 대한 직접적인 문제 제기가 되었다. 실제로 강릉 사건은 형사적인 책임은 없는 무죄가 선고되었고 현재 민사 재판이 진행 중이다. 특히 최근 강릉 사건에 대한 재현시험이 진행된 부분도 유심히 들여다볼 필요가 있었다. 이 재현시험은 국과수에서 제출한 EDR 자료가 실제 급발진 발생 시의 운전과는 큰 차이가 있다는 것을 입증하는 시험으로, 실제 재현시험 후에 큰 차이가 있음을 확인할 수 있었다. 현재 이를 관련 증거로 제출해 민사소송을 진행하고 있다. 즉 EDR 자료는 실제 자동차 급발진 사고가 발생하였을 경우의 신뢰성 측면에서 고민해야 한다는 뜻이다.

실제 자동차 급발진 사고가 발생한 경우를 보면 영상블랙박스와 영상과 EDR 자료의 기록이 맞지 않는 경우가 여러 건 있었다. 이 경우는 실제 급발진 사고의 가능성이 극히 큰 만큼 정부가 적극적으로 나서서 이에 대한 재현시험도 필수적으로 해야 하겠다. 최근 공정거래위원회에서 제조물책임법에 대한 정책연구를 통해 소비자의 목소리를 반영할 방법을 찾았으나 역시 결론은 큰 변화가 없었다. 필자는 "영상블랙박스의 영상과 EDR 자료가 상이하게 다른 경우 제작사도 함께 원인파악에 노력한다"라는 단서 조항을 추

●
자동차 충돌 시 에어백 작동
시험. EDR은 에어백 장치에
연결된 전자제어장치(ACU)에
저장된 소프트웨어로 에어백
작동 상황을 기록한다.

가하자고 제안했는데, 제작사도 반대할 명분이 없었음에도 결국 반영은 되지 못했다.

물론 최근 자동차 급발진에 대한 국민적 관심과 공포가 늘어나면서 이에 대한 정부나 입법부의 움직임도 눈여겨볼 필요가 있다. 국회에서는 관련법에 대한 개정을 통해 기울어진 운동장을 바로잡아서 소비자의 목소리를 반영하려는 움직임이 있고, 정부에서도 이에 대한 개선의 방향성이 조금은 보인다. 특히 재판과정에서 재판부의 개선 움직임도 진일보하고 있다. 현재 대법원에 계류 중인 급발진 사건이 단 한 건에 불과한 것은 물론이고 관련 사건들에서도 재판부가 적극적인 의지를 갖고 재판과정에서 제작사에 책임을 묻는 등 조금은 바로 잡으려는 움직임이 있다.

현재 우리의 기울어진 운동장 관련법에 기대어 수입사에서도 문제 발생 시 '한국 법대로 하라'고 대응하고 소송 진행 중엔 대법원까지 길게 끌고 가라는 논리를 펴는 것은 수년간 재판이 이어질 경우 소비자에게 크게 불리하다. 다른 분야의 경우는 선진국형 제도를 갖고 있으나 자동차에 관한 소비자 관련법은 아직 후진적이라는 측면에서 개선의 필요성은 더욱 대두되고 있다.

◆ 미국의 자동차 급발진 사고 관련 규정은?

미국은 소비자 천국이다. 특히 법적인 부분이 소비자 중심으로 이루어져, 징벌적 손해배상제는 기본이고 집단 소송제도 있다. 특히 자동차의 경우 같은 차종에 유사한 원인의 문제가 발생할 경우 미국 도로교통안전국(NHTSA), 환경국(EPA) 등이 나서서 소비자 중심으로 문제를 풀므로 제조사의 부담이 크다. 신차 교환 환불 프로그램인 '레몬법'의 경우도 소비자 중심으로 이루어진 규정이다. 더욱이 자동차의 경우는 제작사가 자사 차량에 문제가 없다는 것을 입증해야 하므로 우리와는 반대구조를 지니고 있다.

따라서 자동차 급발진 사고와 같은 문제가 발생해 소송 중인 단계에서 소비자 측의 의문에 대하여 제조사의 대답이 부족하면 재판부에서 합의를 종용한다. 즉 최종적으로 자동차의 결함이 있다는 결론이 나오지 않은 단계에서 합의를 받는 구조라는 측면이 강하다. 자동차 급발진 사고가 발생하였을 경우 우리나라와 같이 소비자가 100% 완벽하게 패소하는 구조가 아니라 합의를 통한 보상구조가 잘 되어 있다는 뜻이다.

국내에서도 앞서와 같이 일방적인 제조사와 판매자 중심이 아니라 소비자를 위해 기울어진 운동장을 바로잡는 것이 중요하다. 특히 자동차의 경우는 더욱 기울어진 상태여서 소비자를 위한 중요한 진보가 요구된다. 물론 이런 과정에서 일부 블랙 컨슈머(악성 고객)도 존재하는 만큼 객관적이고 합리적인 제도의 균형이 중요하다.

우리나라가 미국처럼 징벌적 손해배상제나 집단 소송제를 도입하는 것은 아직 쉽지도 않고 무작정 도입도 문제가 될 수 있는 만큼 중간 단계의 합리적인 방법을 찾아야 한다. 앞서 언급한 바와 같이 현재의 제조물책임법에 대해 예외적인 단서 조항부터 삽입하여 조금씩 변화를 유도하는 것이 좋은 방법이다.

✦ 자동차 급발진, 어떻게 대처해야 할까?

만일 자동차 급발진 사고가 발생한다면 어떤 부분을 고민해야 할까. 크게 세 영역으로 구분해 생각할 수 있다. 자동차 급발진 사고가 발생하지 않게 하는 영역, 급발진이 발생하였을 경우 적극적으로 조치해 사고 정도를 낮추는 방법, 그리고 마지막으로 사고 이후 균형 잡힌 후속 조치를 하는 방법이다. 각각의 영역이 모두 중요하고 고민해야 한다.

우선 자동차 급발진이 발생하지 않게 예방하는 차원의 방법이 가장 중요하다. 자동차 급발진 사고 자체가 공포스럽고 불신을 유발하는 만큼 선제적으로 자동차 급발진 사고를 우선 최소화하는 방법이다. 현재의 자동차는 약 3만 개의 부품이 조합되어 있는데, 기계부품을 중심으로 전기전자부품 등의 하드웨어 시스템과 이를 제어하는 소프트웨어가 융합된 제품이다. 최근에는 전동화를 중심으로 소프트웨어인 알고리즘이 더욱 강조되면서 '움직이는 가전제품'으로 바뀌고 있다. 이렇게 복잡한 자동차의 경우 급발진이 발생하지 않게 아예 운전석에서 자동차의 모든 기능을 정지시키는 비상 스위치를 설치하는 방법도 가능할 것이다. 실제 공장 내부에서는 사고 등이 발생하면 기계 등의 운전을 정지시키는 '빨간 비상 스위치'를 확인할 수 있는데, 이 스위치를 누르면 모든 장치가 정지된다. 이와 마찬가지로 자동차 내부에도 운전석 옆에 비상 스위치를 장착하자는 것이다. 그러나 이 방법은 불가능할 것이다. 탑승객의 안전을 책임지고 고속으로 움직이는 자동차 내부에 불안하게 이런 스위치가 있으면 불량품의 이미지도 커지는 만큼 무리한 방법이라 판단되기 때문이다. 아예 '불량품을 팝니다'라는 이미지도 커지면서 브랜드 이미지에도 영향을 줄 수 있기 때문이다.

하지만 소프트웨어적인 방법은 가능하다. 이미 수년 전에 토요타 자동차와 테슬라에서는 자동차에 심각한 문제가 발생했을 경우 각종 센서 등을 통해 이를 인지하고 소프트웨어적으로 강력하게 통제하는 방법을 마련했다. 일종의 셧다운 프로그램인 '킬 프로그램'을 내장해 자동차 급발진 등 심각한 문제가 발생하면 모든 기능을 강제로 종료시키는 방법이다. 미국 등의 언론에 보도된 자료에는 이러한 강력한 프로그램을 내장하고 있다고 발표되기도 했다. 국내 제작사도 이미 이러한 예방 차원의 프로그램을 내장했다고 판단되지만 더욱 확실한 '킬 프로그램'이 요구된다. 이미 국내 제작사에서 이 내용을 인지하고 있는 만큼 고민하고 있을 것으로 확신한다.

두 번째는 자동차 급발진이 발생했을 경우의 조치방법이다. 서울시청 자동차 사고 이후 자동차 급발진 사고에 대한 관심이 더욱 증폭되면서 자동차 급발진이 발생하는 동안에 운전자가 할 수 있는 조치가 무엇인지에 대한 의견도 많은 상황이다. 공공기관에서도 전자브레이크를 당기라는 의견을 제기하고, 두 발로 브레이크를 세게 밟으면 브레이크 동작이 된다는 의견도 있으며, 변속기를 중립에 놓으라는 의견도 나왔다. 미국 컨슈머리포트에서는 자동차 급발진이 발생하면 '브레이크를 세게 한 번에 밟고 변속기를 중립에 놓으며, 시동을 끄라'고 하는 의견을 내놓고 있다. 그러나 이 방법은 전문가인 필자도 좋은 방법이라고 생각하지 않는다. 한 번에 세 가지를 할 수 없기 때문이다. 이렇게 다양한 조치를 언급하고 있으나, 실제로 자동차 급발진이 발생하면 긴 시간보다는 짧게 5~6초 이내로 끝나는 사고가 거의 대부분이라서 운전자는 패닉 상태, 이른바 멘붕 상황에 빠져 대응하기 쉽지 않다. 머릿속이 하얗게 되는 상황인 만큼 본인이 순간적으로 어떻게 해야 할지 전혀 기억이 나지 않는다. 심지어 운전자가 브레이크를 밟았는지 아니면 가속페달을 밟았는지 전혀 기억하지 못한다. 사고 이후 운전자는 면피성으로 자동차 급발진을 언급하는 경우가 10명 중 9명 이상이라 할 수 있다. 자동차 급발진연구회에서는 이렇게 짧게 끝나는 자동차 급발진 의심 사고가 발생하면 급발진 여부를 확인하지 않는다. 급발진을 확인할 수 있는 증거도 거의 없고 운전자의 면피 특성도 있는 상황이어서 확인하기 더욱 어렵기 때문이다.

그렇다면 실제 자동차 급발진이 발생했을 경우 운전자는 패닉 상태인 만큼 앞서 언급한 각종 방법은 이성적인 조치로 의미 자체가 거의 없다고 할 수 있다. 즉 운전자는 다른 생각을 하지 말고 오직 자동차가 고속으로 전환되기 전에 차량을 빨리 정지시킨다는 생각을 하는 것이 핵심이다. 이 경우 도심지는 주로 수직 구조물인 가로수, 가로등, 전봇대 등이 대부분인 만큼 이런 구조물에 자동차가 충돌하게 되면 에너지가 집중되어 에어백도 터지지 않으면서 운전자에게 모든 에너지가 집중되는 심각한 문제가 발생한다. 즉 운전자 등 탑승객의 부상 정도를 심각하게 올려서 사망자까지 발생 가능성을 높인다는 뜻이다. 따라서 절대로 도심지에서는 수직 구조물에 충돌하지 말고 충돌대상을 길거리에 정차하고 있는 자동차로 선택하라고 권장하고 싶다. 자동차의 엔진룸과 트렁크룸은 인간이 만든 에너지 분산 구조로 가장 좋은 대상물인 만큼 여기에 충돌하게 되면 내 차의 충돌에너지 중 절반을 다른 차량에 전달하면서 부상의 정도를 크게 낮출 수 있기 때문이다. 부서진 자동차는 보험 처리하면 된다. 결론적으로 운전자의 의지와 무관하게 자동차가 급가속하게 되면 자동차를 저속에서 무작정 세워야 한다는 의식을 가지고 자동차 등에 충돌하여 빨리 차량을 세워야 부상의 정도를 낮출 수 있다.

고속도로나 교외의 경우 자동차 급발진이 발생하면 가드레일 등은 자동차의 충격을 어느 정도 견딜 수 있는 만큼 자동차 옆면을 부닥치면서 차량을 세울 수 있다. 또한 벽면 등을 활용하는 것도 좋은 방법이다. 즉 자동차 급

자동차 급발진이 발생할 경우 전봇대와 같은 수직 구조물에 충돌하면 운전자가 위험할 수 있다. 대신 저속 상태에서 다른 자동차에 충돌해 빨리 차량을 세워야 부상 정도를 낮출 수 있다.

발진이 발생하면 초기부터 빠른 판단하에 차량을 세운다는 생각이 가장 중요하다.

물론 자동차 급발진이 30초 이상 길게 진행되는 경우엔 이상적으로 생각하고 앞서 언급한 다양한 방법을 시행하면서 차량을 세울 수 있게 하는 것이 중요하다.

마지막으로 자동차 급발진 사고 이후 운전자 등이 재판과정에서 다툴 수 있는 증거 등을 정당하게 찾아야 한다는 것이 중요하다. 앞서 언급한 바와 같이 우리나라의 제도는 운전자가 자동차의 결함을 찾아야 해 매우 불리한 법적 구조를 지니고 있다. 따라서 나의 결백을 입증할 수 있는 방법을 찾는 것이 가장 필수적이다. 대표적인 것이 운전자의 발을 찍는 페달 블랙박스를 설치해 증거를 확보하는 방법이다.

✦ 페달 블랙박스 장착해야 할까?

자동차용 영상블랙박스는 우리나라의 중소기업이 글로벌 최고 기술 수준이다. 이 외에도 하이패스나 내비게이션도 최고 수준으로 해외에 수출도 활발한 품목이다. 자동차 급발진 발생 시 운전자의 결백을 입증할 방법은 운전자 발의 움직임을 직접 촬영하여 증거로 활용하는 방법이다. 즉 영상은 위변조가 어렵고 직접 증거로 활용할 수 있는 유일한 방법이다. 이미 15년 전부터 국가기술표준원 내비게이션과 영상블랙박스 KS위원장을 맡고 있던 필자는 영상블랙박스 업체에 페달을 찍을 수 있는 블랙박스 개발을 의뢰하여 시험모델을 개발하고 보급에 힘쓰기도 했다. 그러나 당시 기술적인 한계성도 있고 급발진에 대해 설마 나에게 발생할까 하는 의구심으로 활성화되지는 못했다. 최근 자동차 급발진에 대한 공포가 늘어나면서 페달 블랙박스의 필요성이 대두되었다. 심지어 국토교통부 장관조차도 개인적으로 페달 블랙박스를 장착하겠다고 언급할 정도가 됐다.

최근 정부의 적극적인 조치에 힘입어 다양한 움직임이 있으나 잘못된 정책 방향도 있다. 국회에서 페달 블랙박스 장착을 의무화하는 관련법이 진

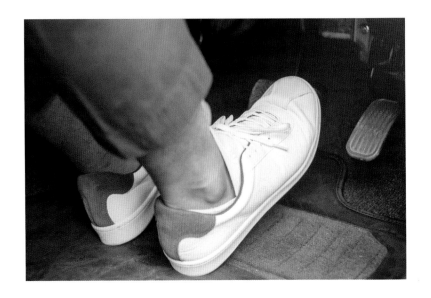

자동차 급발진 시 잘잘못을
따지기 위해서는 운전자의 발을
찍는 페달 블랙박스가 필요할
수 있다.

행 중인데, 이는 FTA를 기반으로 하는 우리에게 큰 통상 문제를 야기할 수
있고 실제로 유럽 등에는 영상블랙박스 장착을 불법으로 간주하는 국가가
많다는 문제가 있다. 개인의 정보보호가 더욱 중요시되어 장착 자체가 불법
인 상황이다. 따라서 의무화는 불가능한 부분으로 자제해야 한다.

　　두 번째 주무부서인 국토교통부에서 제작사를 불러 의무적으로 신차
에 장착하라고 하고 있으나, 이 방법도 좋은 방법은 아니다. 과거에 이미 개
발해 공급하고 있는 하이패스나 내비게이션 장치도 중소기업이 열심히 개
발하고 글로벌 시장도 개척했으나, 자동차 제작사가 하청기업을 통해 저렴
하게 장착하면서 힘들게 개발한 중소기업 제품이 단종되어 망한 경우가 많
기 때문이다. 이번의 페달 블랙박스도 일부 중소기업에서 힘들게 개발해
2023년 후반부터 공급하기 시작하고 있으나 제작사가 하청으로 장착하게
된다면 역시 정부가 중소기업을 망하게 하는 우를 범하게 된다. 국토교통부
는 기능에 문제가 있는 저가 해외 제품을 거르고 국산 모델은 물론 양질의
제품을 소비자에게 알리는 것이 가장 중요하다. 여기에 이미 보험사에서 영
상블랙박스 장착 시 보험료를 약 5%의 할인을 해주고 있는 상황에서 페달
채널이 포함될 경우 7~8% 정도의 할인율을 높여주는 것도 정부가 할 일이

라 판단된다.

현재 판매되는 페달 블랙박스도 전체 블랙박스 교체는 비용적 부담으로 쉽지 않은 만큼 선택할 수 있는 여러 제품이 있다. 신차의 경우는 페달 채널이 장착된 영상블랙박스를 장착하고, 기존 블랙박스가 있는 경우에는 추가로 페달 채널이 있는, 저렴한 별도 단일 페달 블랙박스를 장착하여 비용부담을 줄일 수 있다.

현재로서는 자동차 급발진 사고에 대한 유무를 따지기 전에 페달 블랙박스의 장착을 권장해 운전자의 실수인지 자동차의 결함인지를 객관적으로 판단할 수 있는 증거 시스템을 구축하는 것이 가장 현실적이다.

자동차 급발진 사고는 전 세계에서 어떤 국가도 밝히지 못한 두려운 사고다. 그만큼 자동차는 모든 과학기술이 융합된 제품이라 발생하는 모든 문제를 완벽하게 파악하는 것이 매우 어렵다. 앞으로 자동차는 더욱 복잡하고 융합된 제품으로 확대되고 있어서 전동화와 소프트웨어가 더욱 중요한 역할을 담당하여 자동차 급발진 같은 심각한 사고는 계속 이어질 수 있다. 이 상황에서 자동차 급발진 사고가 발생할 경우 예방 차원도 더욱 중요하지만 사고 이후 서로가 균형 잡힌 상황에서 정확하고 객관적으로 판단할 수 있는 방법이 마련돼야 한다. 당장 우리나라는 현재의 기울어진 제조물책임법이 바뀌기는 어렵지만 지속적인 노력이 필요하고, 페달 블랙박스처럼 증거 확보가 가능한 제품을 통해 더욱 균형 잡힌 선진형 제도 정착이 요구된다. 동시에 미래 모빌리티는 도심형 항공모빌리티(UAM)와 험로 등을 움직이는 로보빌리티(robobility)로 확대되고 있고 자율주행 기술 등이 가미되면서 더욱 복잡한 기기로 탈바꿈할 것이다. 자율주행 차량용 블랙박스 같은 새로운 첨단 기기를 통해 자동차 급발진 등의 원인을 새롭게 파악하는 연구도 지속적으로 진행해야 하는 것은 당연하다. 안타깝지만 현재는 자동차 급발진 사고에서 자신을 지킬 방법을 운전자 본인이 마련해야 한다.

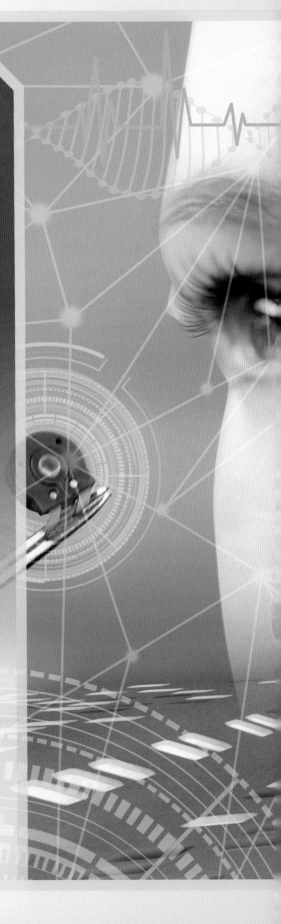

5

ISSUE 5 신경과학

뇌 칩
이식기술

김상현

대학에서 기계설계 및 공업디자인 전공하고 과학자가 꿈이었으나 능력의 한계를 느껴 그들의 이야기를 알리는 작가가 되자고 마음먹었다. 동아사이언스 등에서 과학에 대한 글을 썼고 라디오를 통해서 과학 이야기를 전하고 있다. 현재는 칼럼니스트로 글을 쓰는 것과 동시에 다양한 과학 관련 영상 제작에 참여하고 있다. 유튜브 채널 '울트라고릴라 TV'에서 '위클리사이언스뉴스'를 진행한다. 집필한 책으로 《어린이를 위한 인공지능과 4차 산업혁명 이야기》, 《어린이를 위한 4차 산업혁명 직업탐험대》, 《지구와 미래를 위협하는 우주 쓰레기 이야기》, 《인공지능, 무엇이 문제일까?》 등이 있다. KAIST 지식재산전략최고위과정에서 최우수 연구상을 받았다.

뇌에 칩을 심어 인간을 강화할 수 있을까?

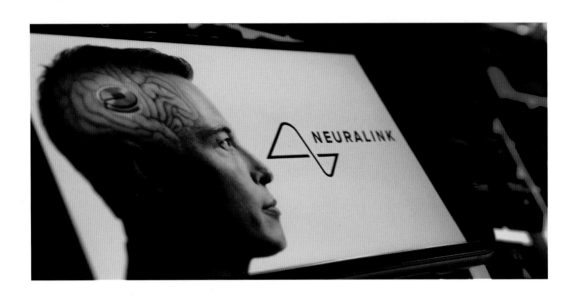

일론 머스크의 뇌에 칩을 이식한 상상도. 그는 2016년 뉴럴링크를 설립한 뒤 동물 실험을 거쳐 최근 사지 마비 환자 대상의 임상시험에 돌입했다.

1980년대 미국 음악계는 기타리스트들의 세상이었다. 록 음악의 부흥과 함께 여기저기서 현란한 손가락을 자랑하는 기타리스트들이 우후죽순 등장했다. 음악 팬들은 그들의 연주에 열광했고 아이들은 너도나도 무대에서 전자 기타를 연주하는 자신의 모습을 꿈꿨다. 당시 촉망받던 많은 젊은 기타리스트 중 '제이슨 베커(Jason Beker)'가 있다. 그는 10대 시절 이미 뛰어난 테크닉과 멜로디 감각으로 대중의 사랑을 받았다. 니콜로 파가니니의 '바이올린을 위한 24개의 카프리스 No.5'를 일렉트릭 기타로 완벽하게 연주할 정도로 테크닉이 뛰어났다.

하지만 지금은 기타 연주는커녕 산소호흡기가 없으면 숨도 쉬지 못하는 상태가 됐다. 갓 20세였던 1989년부터 시작된 루게릭병(근위축성 측색경화증, ALS) 때문이다. 1991년부터는 기타 연주가 불가능해졌고 1996년에는 말을 할 수도 없을 정도로 병세가 악화했다. 이제는 간신히 눈동자만 움직일 수 있는 베커는 아버지의 도움을 받아 눈으로 의사소통하면서 살아간다. 이렇게 아무것도 할 수 없는 몸이 됐지만, 그는 여전히 친구와 컴퓨터의 도움을 받아 음악을 만든다.

그가 다시 기타를 잡을 방법은 없을까? 지금은 겨우 눈동자를 움직이는 행동을 통해서만 의사소통이 가능하고 컴퓨터로 음악을 만들 수 있지만, 다른 과학 기술을 이용한다면 더 자유로운 활동이 가능하지 않을까? 영화 '아바타'처럼 뇌에서 직접 신호를 받아 또 기계로 만든 분신과 연결한다면, 기타 연주를 다시 들려줄 수 있지 않을까? 이런 바람을 현실로 만들기 위해 개발 중인 기술이 바로 '뇌-컴퓨터 인터페이스(Brain Computer Interface, BCI)' 기술이다.

✦ 프리츠와 히치히가 문을 연 BCI 연구

인간의 뇌를 이해하려는 노력은 아주 오래전부터 이어져 왔다. 대표적인 실험이 1870년대 독일 생리학자 구스타프 프리츠(Gustav Theodor Fritsch)와 에두아르트 히치히(Eduard Hitzig)의 뇌 전기자극 실험이다. 두 독일 과학자는 뇌 특정 영역을 전기로 자극함으로써 뇌가 근육 운동을 조절한다는 사실을 처음으로 증명했다.

이들은 인간이 아닌 개를 대상으로 실험했다. 개의 두개골을 열고 뇌 피질을 노출한 후 전극을 사용해 뇌의 다양한 부분에 전기자극을 가했다. 자극한 뇌 위치에 따라 다리, 얼굴, 목 등의 움직임이 다르게 나타나는 것을 확인했다. 이 실험을 통해 뇌의 특정 부위(운동 피질)가 신체 특정 부위를 제어한다는 사실을 밝혀냈다. 그로 인해서 뇌의 각 부분이 특정 기능에 특화되어 있다는 개념도 확고해졌다. 두 연구자는 자극

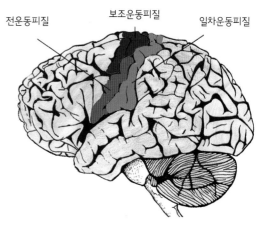

전운동피질　　보조운동피질　　일차운동피질

● 운동피질(運動皮質, motor cortex)은 척수 및 말초 신경으로 신호를 전달해 수의근의 움직임을 조절한다. 이를 통해 인간의 정교한 운동 제어가 가능하다.

●
뇌에 BCI 칩을 이식한 환자 알렉스의 노트북. 오른쪽에 그가 Link를 사용해 디자인한 3D 프린팅 충전기 마운트가 보인다.
© Neuralink

부위와 신체 반응 간 관계를 체계적으로 정리해 뇌의 운동피질이 신체 각 부분과 어떻게 연결되어 있는지를 나타내는 논문(Uber die elektrische Erregbarkeit des Grosshirns)을 발표했다. 뇌 손상이나 질병으로 인한 운동 기능 상실에 대한 치료 가능성을 열어 준 셈이다.

프리츠와 히치히의 실험이 있은 지 약 150년 후, 인간은 뇌 일부분에 칩을 이식해 신체의 특정 기능을 강화하거나 회복하는 기술을 개발하고 있다. 바로 '뇌-컴퓨터 인터페이스(BCI)' 기술이다. BCI는 말 그대로 뇌와 컴퓨터를 연결해 신호를 전달하는 시스템을 의미한다. 생각만으로 컴퓨터를 제어한다는 BCI 기술은 이제 슬슬 현실로 나타나고 있다.

최근 가장 주목받은 BCI 기술 사례로 2024년 8월 신경 인터페이스 기술 회사 뉴럴링크(Neuralink)가 진행한 시술을 꼽을 수 있다. 뉴럴링크는 척수 손상으로 팔다리를 움직일 수 없는 환자 알렉스(Alex)의 뇌에 BCI 칩을 이식했다. 즉 이 회사는 특정 칩을 뇌 특정 영역에 이식해 뇌파를 읽고 해석할 수 있는 기술을 개발했다. 알렉스는 칩을 이식한 후 컴퓨터를 제어하거나 인터넷 사용, 게임 플레이 같은 일상 작업을 생각만으로 수행할 수 있게 됐다. 실제로 생각만으로 1인칭 슈팅 게임인 '카운터 스트라이크'를 즐기는 모습을 인터넷에 공개하기도 했다. 척수 손상을 입기 전 자동차 기술자였던 그는 CAD 소프트웨어 'Fusion 360'을 이용해 뉴럴링크 충전기용 맞춤형 마운트를 직접 설계했다. 알렉스는 다시 무언가를 만드는 기분이 든다며 시술 결과에 감격스러워했다.

시술에 사용한 칩은 '텔레파시'라는 이름이 붙은 'N1 임플란트 칩'이다. 지름 23mm, 높이 8mm의 둥근 판에 아주 얇은 실 64가닥을 부착했다. 실마다 뇌파를 읽는 전극이 16개씩 들어 있어 총 1024개의 전극이 달려 있다. 뉴럴링크는 텔레파시 칩을 알렉스의 대뇌 운동피질 영역에 아주 작은 구멍을 내 심었다. 이 칩이 뇌파를 읽어서 무선으로 뉴럴링크 앱에 보내고 컴퓨터가 뇌파를 분석해 여러 소프트웨어를 사용할 수 있게 하는 원리다. 뉴럴링크의 수장 일론 머스크 (Elon Musk)는 현재 1024개 중 400개가 활성 상태로 작동 중이라고 밝혔다.

뉴럴링크가 개발한 BCI는 운동피질에 있는 뉴런의 전기 신호를 기록하고 컴퓨터로 신호를 전송한 후 그것을 해석하는 방식이다. 그런데 알다시피 운동피질은 사고에 관여하지 않는다. 그렇다면 알렉스는 어떻게 생각만으로 컴퓨터를 사용할 수 있을까? 프리츠와 히치히의 연구 결과에서 알 수 있듯이 운동피질은 신체가 움직일 수 있도록 명령하는 곳이다. 그러니까 칩이 뉴런으로부터 받는 뇌파는 몸을 움직일 때 필요한 여러 가지 명령어들이라고 생각하면 된다. 텔레파시 칩은 알렉스의 생각을 읽어서 컴퓨터를 조종하는 것이 아니라 손가락으로 마우스를 움직이고자 하는 명령을 기록해 이용하는 셈이다.

▲▲
알렉스가 1인칭 슈팅 게임 '카운터 스트라이크'를 플레이하는 화면.
© Neuralink

▲
뉴럴링크의 BCI 칩 '텔레파시'.
© Neuralink

✦ 뇌-컴퓨터 인터페이스 선두 주자, 뉴럴링크

알렉스가 받은 칩 이식 시술은 현재까지 가장 발전한 뇌-컴퓨터 인터페이스(BCI) 사례로 여겨진다. 이번 시술에 성공한 뉴럴링크는 테슬라의 CEO 일론 머스크가 2016년에 공동 설립한 신경과학 기술 회사다. 주로 뇌

와 컴퓨터를 직접 연결해서 다양한 신경학적 질환 치료와 인간 인지 능력 향상을 위한 연구를 진행하고 있다. 뉴럴링크는 2016년 설립 이후 꾸준히 성과를 발표해 왔다. 가장 처음 세상을 놀라게 한 연구 성과는 2019년에 발표한 돼지 뇌에 칩을 이식해 뇌 활동을 모니터링한 일이었다. 뉴럴링크는 돼지 실험을 통해서 뇌의 신호를 기록하고 전송하는 기술의 가능성을 열었다. 거트루드(Gertrude)라는 이름의 돼지 뇌에 칩을 이식해 뇌 신호를 수집해 분석했을 뿐만 아니라 앞으로 행동까지 예측하는 모습을 공개해 세상을 놀라게 했다.

돼지에 이어 원숭이 실험까지 같은 해에 성공했다. 원숭이를 이용한 실험에서는 단순히 뇌 활동 모니터링을 뛰어넘은 성과를 보여줬다. 생각만으로 간단한 비디오 게임을 조종하는 영상까지 공개했다. 비디오 게임이라고 해야 '마인드 퐁'이라는 아주 단순한 공놀이 게임이었지만, 생각만으로 컴퓨터 커서를 움직일 수 있도록 했다는 사실만으로 세계를 놀라게 하기에 충분했다. 사람들은 뇌파가 실제 컴퓨터와 상호작용을 할 수 있다는 일론 머스크의 주장을 현실로 인지하기 시작했다. 머스크는 2020년 뇌 칩에 관해 설명하며 이 칩을 이용해서 건강 문제를 치료하는 것뿐만 아니라 SF 영화 '매트릭스'처럼 뇌를 컴퓨터와 연결하여 정보와 기억을 다운로드할 수 있도록 하고 싶다고 이야기했다.

2021년이 되자 뉴럴링크는 사람 뇌에 칩을 심을 수 있도록 미국식품의약국(FDA)에 임상시험 승인을 신청했다. 2023년 5월 임상시험 승인을 받자 곧바로 인간을 대상으로 실험을 강행했다. 첫 실험에 지원한 사람은 척수 손상으로 사지가 마비된 놀란드 아르보(Noland Arbaugh)였다. 아르보는 다이빙 사고로 경추 4, 5번이 탈구되면서 전신이 마비됐다. 수술 전에는 입에 펜을 물고 컴퓨터 화면을 하나씩 찍는 것밖에 할 수 있는 것이 없었다. 아르보는 2024년 1월 뇌에 칩을 이식하는 수술을 받았다. 그리고 생각만으로 컴퓨터 커서를 움직일 수 있게 됐다. 당시 아르보는 커서에 '포스'를 사용하는 것 같다고 놀라워했다. 포스는 SF 영화 '스타워즈'에 나오는 보이지 않는 가공한 힘을 의미한다. 처음엔 조금씩 커서를 움직이는 정도만 가능했으나 나날이 활용 범위가 넓어졌다. 8시간 동안 비디오 게임 '문명 Ⅵ'를 즐기는가 하면, 2024년 3월 20일에는 체스 게임을 즐기는 9분짜리 영상을 공개하기도 했다.

아르보에 대한 놀라움이 채 가시기도 전인 불과 5개월 만에 두 번째 환자에게 칩을 심는 시술에 성공했다. 머스크는 환자의 인적 사항, 수술 시기 등을 구체적으로 밝히지 않았지만, 첫 번째 이식 때보다 더 좋은 결과를 나타내고 있다고 자랑했다. 첫 번째 실험에서는 전극이 너무 표면 가까이에 위치해 신호가 약해졌던 문제가 있었다. 이 문제는 더 깊숙이 전극을 이식하는 방법으로 해결했다.

뉴럴링크는 몸을 움직일 수 없는 사람들에게 '디지털 자율성'을 회복하는 데 도움을 줄 뿐만 아니라 제이슨 베커처럼 루게릭병 같은 신경 질환을 앓고 있는 환자의 의사소통 능력을 회복하는 데도 도움을 줄 것으로 기대한다. 또한 마비 환자들이 물리적 세계와 상호작용을 할 수 있도록 로봇팔이나 휠체어를 제어할 수 있도록 할 계획도 가지고 있다.

✦ 맹렬한 추격 중인 중국의 BCI 기술

중국도 BCI 기술에 대한 관심이 지대하다. 이미 여러 기관이 BCI 기술 연구에 뛰어들었으며 상당한 성과를 발표하고 있다. 《블룸버그통신》의 보도에 따르면 중국 공업정보화부는 BCI에 대한 지침을 제공하는 표준 위원회를 구성할 계획이다. 기업, 연구소, 대학 등의 기술 전문가를 초빙해서 뇌정보 인코딩 및 디코딩, 데이터 통신, 데이터 시각 등에 관한 다양한 표준을 개발할 예정이라고 보도했다.

중국 내 가장 활발한 연구 기관으로 칭화대학을 꼽을 수 있다. 칭화대학은 중국 BCI 기술 연구에서 선도적 위치를 차지하고 있다. 칭화대학 연구

중국 칭화대가 공개한 NEO 칩을 이식한 첫 번째 환자의 모습.
ⓒ 칭화대

진은 중국 서우두의과대학 부속 쉔우병원 연구진과 함께 교통사고로 14년 동안 침대에 누워 지내고 있던 사지 마비 환자를 대상으로 임상시험을 진행했다. 2024년 1월 29일 쉔우병원은 실험에 참여한 환자가 오른손에 공기압력 장갑을 끼고 생각만으로 물잔을 들어 물을 마신 후 다시 물잔을 내려놓는 모습을 공개했다. 환자는 전해 10월 24일 뇌와 두개골 사이 경막외 공간에 동전 크기의 칩 두 개를 이식받았다. 환자 뇌에 십입한 칩은 NEO(Neural Electronic Opportunity)라고 불린다. 쉔우병원 자오궈광 원장은 두 개의 프로세서는 각각 4개의 접점을 가지고 있으며, 환자의 오른손에 신경을 전달하는 뇌 영역에 총 8개의 접점이 배치되어 있다고 밝혔다. 그는 수술 전에 MRI로 뇌 기능을 측정해 오른손을 움직일 때나 움직이려고 할 때 활성화한 뇌 영역을 찾을 수 있었다고 설명했다. 그는 또 뉴럴링크 기술과 달리 두개골에 칩을 장착할 수 있어 신경 조직을 파괴하지 않고도 신호 품질을 보장할 수 있다고 주장했다. 아울러 근거리 무선 전원 공급 및 신호 전송 방식을 채택해서 별도의 배터리가 필요 없는 것도 큰 장점으로 꼽았다.

텐진대학은 비침습적 BCI 기술 연구에서 중요한 성과를 거두고 있는 곳 중 하나다. 텐진대학 신경과학 연구팀은 2023년 제7회 세계지능대회에서 216개의 목표를 대상으로 뇌의 명령을 정확하게 해석하는 시스템을 선보였다. 이 기술은 뇌전도(EEG) 신호를 기반으로 작동하며 사용자가 가상 키보드를 통해 빠르게 타이핑할 수 있도록 도와준다. 텐진대학은 이 기술이 뇌졸중으로 인해 손 기능을 잃은 환자들에게 특히 유용한 재활 시스템이라고 밝혔다. 연구는 현재 임상시험 중이다.

또한 텐진대학은 2022년 CEC 클라우드 브레인(Cloud Brain) 및 수이쉬 인텔리전트 테크놀로지(Suishi Intelligent Technology)와 공동으로 뇌-컴퓨터 인터페이스 플랫폼 '메타BCI(MetaBCI)'를 개발해 출시했다. 이 플랫폼은 BCI 연구에 필요한 다양한 소프트웨어 도구를 통합해 데이터 처리와 분석을 간소화했다. 376개의 클래스와 함수로 구성되어 있으며, 14개의 공개 데이터 세트와 호환되고 53개의 뇌 신호해독 모델을 지원한다. 텐진대학은 이 플랫폼을 파이썬 언어로 개발해 깃허브를 통해 전 세계 BCI 개발자들에게 공개했다. 그 외에도 텐진대학은 BCI 연구를 더욱 체계적으로 발전시키기 위해 중국 최초로 BCI 학부 과정을 개설했다. 이 과정에서는 전자공학, 의공학, 마이크로전자 등 다양한 학문이 융합된 교육을 제공한다.

✦ 뉴럴링크 이전의 BCI 도전자들

당연하겠지만, 미국 내에서 BCI 연구를 하는 곳이 뉴럴링크 하나만 있는 것은 아니다. 오히려 뉴럴링크보다 먼저 연구를 시작하고 성과를 발표한 곳도 많다. 뉴럴링크의 라이벌로는 가장 먼저 토머스 옥슬리(Tomas Oxley)가 설립한 싱크론(Synchron)을 꼽을 수 있다. 싱크론은 뉴럴링크와 조금 다른 방식의 BCI 기술을 개발하고 있다. 싱크론의 기술은 뇌 수술이 필요 없다. 두뇌에 칩을 심지 않고 '스텐트로드(Stentrode)'라는 장치를 목에 있는 정맥에 이식하는 방식을 채택했다. 심장병 환자가 심장에 스텐트를 삽입하는 것과 비슷한 방식이다. 물론 뇌파를 읽어서 컴퓨터로 전송해서 해석하는 것은 뉴럴링크와 동일하다. 하지만 뇌에 칩을 심지 않고 혈관을 이용한다는 것이 분명 큰 차이점이자 장점으로 여길 수 있다.

임상시험을 위한 FDA 승인도 뉴럴링크보다 앞섰다. 싱크론은 이미 2021년 인간 환자를 대상으로 영구적 이식이 가능한 BCI에 대한 임상시험

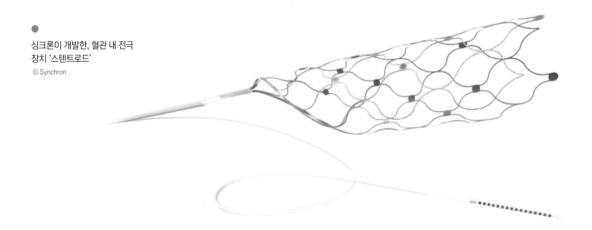

싱크론이 개발한, 혈관 내 전극
장치 '스텐트로드'
ⓒ Synchron

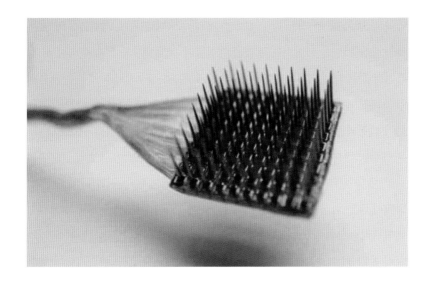

을 허가받았다. 그리고 실험 결과는 2021년 12월 루게릭병(ALS)으로 손을
쓰지 못한 필립 오키프(Phillip O'keefe)라는 62세 남성이 트위터에 글을 남기
면서 알려졌다. 2024년 5월 싱크론은 루게릭병 같은 마비 치료를 넘어서 간
질과 파킨슨병 치료까지 BCI를 활용하겠다고 선언했다. 이미 6명의 환자에
게 스텐트로드 이식을 성공시킨 싱크론은 2024 신경외과 학술대회에서 환
자에게 이식한 장치가 부작용 없이 12개월 동안 제대로 동작했다고 발표했
다. BCI를 이식받은 루게릭병 환자 중 한 명은 스마트 홈 제어에 성공했으며
최근에는 애플의 '비전 프로(Vision Pro)' 커서를 제어하기도 했다. 싱크론은
이러한 실험 결과를 토대로 최근 간질과 파킨슨병 치료를 위한 FDA 심사를
신청했다.

2008년 설립한 블랙록 뉴로테크(Blackrock Neurotech)라는 회사도 주목
받는 BCI 기술 개발 기업이다. 이 회사 역시 뉴럴링크보다 훨씬 이전에 인간
의 뇌에 컴퓨터 칩을 이식했다. 2023년에는 이미 36명의 환자에게 칩을 이
식했을 정도다. 블랙록 뉴로테크 칩을 이식받은 사람 중에서는 네이선 코플
랜드(Nathan Copeland)가 가장 유명하다. 코플랜드는 자동차 사고로 심각한
척추 부상을 입었다. 당연히 몸을 움직이지 못하는 사지 마비 환자다. 그는
2014년 블랙록 뉴로테크가 만든 '유타 어레이(Utah Array)'라는 칩을 이식받

았다. 어레이 중 두 개는 감각 정보를 처리하는 뇌 부위에 배치했고 다른 두 개는 운동 기능을 제어하는 부위에 이식했다. 코플랜드는 칩을 이식한 후 컴퓨터를 사용하고 비디오 게임을 즐길 수 있었다. 생각만으로 로봇팔을 움직이는 데도 성공했다. 2016년 10월 미 백악관이 주최한 연방과학기금 지원 분야 시연회에 참석해 당시 대통령 버락 오바마와 주먹 인사를 나눈 것은 매우 유명한 일화로 남아있다.

유타 어레이에는 100개 이상의 미세 전극이 달려 있어 뇌의 특정 영역에서 많은 신경 데이터를 동시에 수집할 수 있다. 확대해서 보면 정사각형 헤어브러시처럼 보인다. 블랙록 뉴로테크는 유타 어레이를 코플랜드 외의 여러 환자에게도 칩을 이식해, 뇌 신호만으로 로봇팔을 조작하거나 휠체어를 움직일 수 있게 하는 실험을 계속했다. 이후로는 음악 작곡 등의 작업도 BCI 기술로 수행할 수 있는 새로운 방법을 연구하는 중이다.

조금 다른 콘셉트지만 페이스북(Facebook)을 운영하는 메타(Meta)도 이 시장에 뛰어들었다. 메타는 리얼리티 랩(Reality Labs) 부서를 통해 BCI 관련 기술을 연구하는 중이다. 이들은 몸속에 장치를 심는 것이 아니라 비침습적 신경 인터페이스 개발에 중점을 두고 있다. 생각만으로 컴퓨터와 상호작용을 할 수 있는 시스템을 구축하는 것이 목표인 것은 다른 업체들과 마찬가지다. 다만 메타는 BCI 기술을 환자를 위한 기술이 아니라 가상현실(VR)과 증강현실(AR) 환경에서 새로운 인터페이스 기술로 활용하기를 기대하고 있다.

메타의 주요 성과 중 하나는 근전도 검사법(EMG)을 활용한 손목 밴드 개발이다. 근전도 검사법이란 근육에서 나오는 전기적 신호를 측정하는 기술이다. 뇌에서 손가락까지 전달되는 신경 신호를 중간에 읽어서 사용자 움직임을 빠르게 파악하겠다는 의도다. 2021년 처음 선보인 이 손목 밴드는 BCI 칩이 들어 있는 웨어러블 기기다. 손목에 착용하면 손목을 지나는 신경 신호를 읽어 낸다. 이 기술은 특히 가상 공간에서 손의 움직임을 정밀하게 추적하기 위해 만들어졌다. 이 밴드를 이용하면 가상현실 공간에서 타이핑이나 스크롤을 하는 작업이 수월해진다. 메타가 직접 공개한 콘셉트 영상을 보면 간단한 손동작만으로 가상현실 속 여러 가지 활동을 하는 것을 확인할 수 있다. 책상 위에서 키보드로 입력하는 손동작을 취하면 문자가 입력되는 식이다. 센서로 손의 움직임을 읽는 것이 아니라 뇌 신경 신호를 직접 읽기 때문에 더 빠르고 정확하게 컨트롤이 가능하다는 것이 메타의 설명이다. 2024년 초 메타의 CEO 마크 저커버그(Mark Zuckerberg)는 토크쇼 '모닝 브루 데일리(Morning Brew Daily)'에 출연해 그간 신경 손목 밴드 연구를 이어 왔고, 출시 시점에 더 가까워졌다고 말했다. 하지만 이후 제품 출시 등에 대한 새로운 소식은 아직 전해지지 않았다.

이런 기업들 외에도 클리어포인트 뉴로(ClearPoint Neuro), 브레인게이트(BrainGate), 뉴러블(Neurable) 등이 유명한 BCI 기술 개발 기업으로 주목받고 있다.

◆ 대한민국이 연구하는 BCI 기술들

해외 곳곳에서 공격적으로 BCI에 대한 연구 결과가 쏟아지고 있는 가운데 국내 곳곳에서도 비교적 조용하게 뇌와 컴퓨터를 연결하기 위해 노력하고 있다. 우리나라 BCI 연구는 대부분 비침습식 방식 연구가 주를 이룬다. 해외처럼 충격적인 연구 성과가 쏟아지고 있지는 않지만, 의료와 재활을 넘어 산업, 엔터테인먼트, 군사 등 다양한 분야로 연구가 확대되고 있다. 정부 지원을 받아 BCI 기술의 상용화 가능성을 높이는 프로젝트가 다수 추진되고 있으며, 특히 장애인 보조 기기나 로봇 팔과 같은 첨단 장비와 연계를 기대하고 있다.

2022년 KAIST 뇌인지과학과 정재승 교수 연구팀이 서울의대 신경외과 정천기 교수 연구팀과 공동연구로 뇌 신호를 해독해서 생각만으로 로봇팔을 움직이는 기술을 개발했다. 사지 마비 환자가 로봇팔을 움직이기 위해서는 상상만으로 로봇팔의 방향을 지시해야 한다. 상상 뇌 신호는 정상인이 팔을 움직이려 할 때 발생하는 뇌 신호보다 신호대비 잡음비가 낮아 정확한 팔의 방향을 예측하기 어렵다. 연구팀이 개발한 팔동작 상상 신호 분석기술은 좀 더 명확한 뇌 신호 해석을 위해 분석 대상을 운동피질을 비롯한 특정

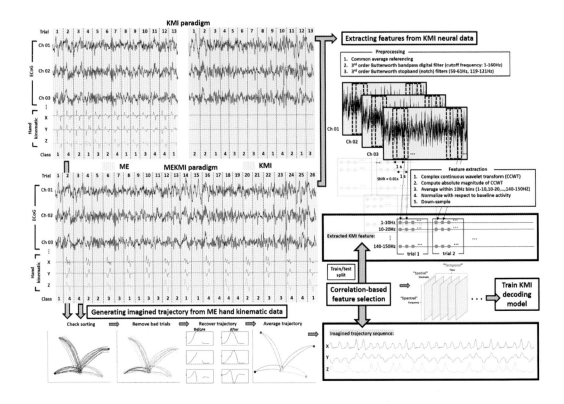

KMI paradigm

KAIST와 서울대의대에서
개발한, 팔 동작 방향에
대한 상상 뇌 신호의 디코딩
알고리즘 개념도.
© KAIST

대뇌 영역에 국한하지 않았다. 사용자마다 다를 수 있는 상상 신호와 대뇌 영역 특성을 맞춤형으로 학습했다. 그래서 최적의 계산모델 파라미터 결괏값을 출력할 수 있게 됐다. 연구팀은 대뇌 피질 신호 디코딩을 통해 환자가 생각하고 있는 팔 방향을 80% 이상 정확도로 예측할 수 있다고 설명했다.

비슷한 연구가 2020년에도 있었다. 한국과학기술연구원(KIST)에서는 그해 BCI를 이용한 외골격 로봇을 개발했다. 이 기술에는 칩 대신 전극이 여러 개 달린 모자를 사용한다. 이 모자가 뇌파를 측정한다. KIST에서 비침습 방식을 선택한 이유는 부작용을 우려해서다. 당시 KIST 연구진은 실험실 단계에서 90% 이상의 신호를 읽을 수 있는 알고리즘을 개발한 상황이라고 설명했다.

국내에서 주로 비침습형 BCI 기술을 진행하는 이유는 임상이 어렵기 때문이라는 주장도 있다. 국내에는 아직 침습형 BCI에 대한 안전 규정 자체가 없다. 그러므로 아직 사람을 대상으로 관련 기술을 시험할 수 없는 것이 현실이라는 주장이다. 이병훈 한양대 융합전자공학부 교수는 동아사이언스와 인터뷰를 통해 정부에서도 임상시험에 대한 규제를 없애는 논의가 나오고 있는 것으로 안다면서 인류 삶을 크게 바꿔놓을 것으로 기대되는 BCI에 대한 전 세계적인 집중 투자가 이뤄지는 상황에서 격차를 좁히기 위한 노력이 필요하다고 강조했다.

◆ BCI 실험은 위험하지 않을까?

그렇다면 BCI 기술은 의학적으로 전혀 문제가 없다고 장담할 수 있을까? 자신 있게 고개를 끄덕이기에는 아직 이른 것 같다. 실제로 2021년 뉴럴링크에서는 '동물 실험용 원숭이 23마리 중 15마리에서 심각한 부작용이 나타나 사망했다'는 내부 고발이 있었다. 물론 일론 머스크는 이를 전면 부인했다. 그러나 머스크는 이듬해에 동물 실험 과정에서 1500마리에 달하는 동물을 숨지게 한 혐의로 미국 연방정부 검찰의 조사를 받기도 했다.

첫 번째 뇌 임플란트 시술자 아르보에게서도 문제점이 발견됐다. 2024년 5월 8일 《월스트리트저널》은 아르보의 임플란트에 문제가 발생해 뇌에서 수집할 수 있는 데이터양이 감소했다고 보도했다. 뇌에 이식한 임플란트 전극 일부가 원래 자리에서 이탈하면서 일부 데이터가 손실된 것으로 알려졌다. 뉴럴링크는 곧바로 블로그를 통해서 문제에 대해 시인했다. 수술 후 몇 주 동안 칩에 붙어 있는 몇몇 실이 뇌에서 수축하면서 유효 전극 수가 감소했다고 설명했다. 그리고 알고리즘을 수정해 데이터 전송 수준을 회복했다고 밝혔다. 그러나 왜 그런 문제가 발생했는지 밝히지 않았다. 다만, 두 번째 시술 성공을 홍보하면서 '전극이 너무 표면 가까이에 자리 잡고 있었다'라고만 설명했을 따름이다. 뉴럴링크는 한때 아르보 뇌에서 칩을 다시 빼내는 것까지 고민했던 것으로 밝혀졌다. 《로이터통신》에 따르면 이 사건에 대해서 여러 뇌 임플란트 전문가가 근본적으로 문제를 해결하기 어려울 수 있다고 지적했다.

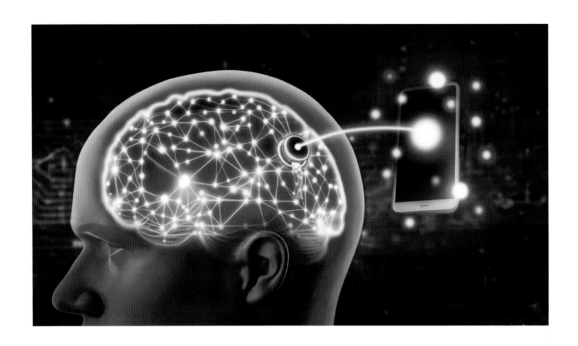

뉴럴링크 장치를 이식한 일부 돼지에서 육아종이라는 뇌 염증이 발생한 경우도 있었다. 뉴럴 링크 연구원들 사이에서는 전선이 원인일 수 있다는 우려가 제기되기도 했다. 하지만 결국 육아종이 발생한 원인은 알아내지 못한 것으로 보도됐다.

이처럼 뇌에 직접 전극을 삽입하는 침습형 BCI는 감염, 염증, 조직 손상 등의 위험성을 안고 있다. 실제로 뇌에 전극을 이식하는 경우 장기적으로 전극 주변 조직에서 신경 손상이나 염증 반응이 발생할 수 있을 것을 우려하고 있다. 또 시간이 지나면서 전극이 마모하는 것도 문제점 중 하나다. 이에 따라서 신호가 제대로 전달되지 않아 재수술이 필요할 수 있다.

정신적, 심리적 영향도 고려해야 할 부분이다. 일부 전문가들은 BCI 기술이 인지 기능에 미치는 영향에 대해 경고하고 있다. 특히 뇌 신호를 읽고 해석하는 과정에서 발생할 수 있는 오류는 잘못된 신호를 보낼 위험이 있다. 이는 사용자의 의식과 신경 활동에 예기치 않은 차이가 생겨날 수 있다. 또한 BCI가 만능이 아닌 만큼 자신이 기기를 제대로 제어하지 못했을 때 심리적 좌절감을 경험할 수 있다. 이를 통해 정서적, 심리적으로 스트레스를 받을 수 있다.

아직은 좀 섣부른 생각일지 모르지만, 인간의 뇌파를 읽는 과정에서 개인의 생각이나 기억을 침해할 수 있다고 우려하는 과학자도 있다. 사적인 정보가 유출되거나 이를 악용할 가능성이 충분하다는 주장이다. 또 이 기술을 군사적으로 악용했을 때 발생할 위험에 대해서도 경고한다. 뇌 해킹을 하기 위한 교두보가 될 수도 있다.

그럼에도 BCI가 가져다줄 미래를 기대하지 않을 수 없다. BCI 기술은 단순한 의사소통과 의료 도구를 넘어서 인간과 기계의 원활한 상호작용을 통해서 다양한 산업에 혁신적 변화를 불러올 수 있는 잠재력을 지니고 있다. BCI 기술은 인류가 생물학적 한계를 넘기 위한 첫 단계가 될 수 있다는 의견까지 있다. 하지만 기술적 도전뿐만 아니라 의료적, 윤리적, 법적 문제도 함께 고려돼야 한다. 그러므로 지속적 연구와 함께 사회적 논의가 필요한 분야다.

6

ISSUE 6 인공지능

생성형 AI
최신 모델

한세희

전자신문 기자, 동아사이언스 데일리뉴스팀장, 지디넷코리아 과학전문
기자를 지냈다. 기술과 사람이 서로 영향을 미치며 변해 가는 모습을 항
상 흥미롭게 지켜보고 있다. 『어린이를 위한 디지털과학 용어사전』, 『디
지털 호신술』, 『요즘 어른들을 위한 최소한의 인공지능』, 『챗GPT 기회
인가 위기인가(공저)』, 『과학이슈11 시리즈(공저)』 등을 썼고, 『네트워크
전쟁』 등을 우리말로 옮겼다.

오픈AI의 GPT-4o가 구글의 제미니를 능가할까?

오픈AI가 2023년 말 챗GPT를 내놓고, 이어 구글이 제미니를 내놓으며 두 회사는 AI 경쟁에 돌입했다.

2022년 말 오픈AI가 초거대언어모델(LLM) 기반의 생성형 인공지능(AI) 서비스 챗GPT를 내놓은 후 세계는 AI 열풍에 휩싸였다. 사람처럼 자연스럽게 글을 쓰고 문장과 이미지를 만드는 AI의 발전에 모두 놀라워했다. 기계가 넘보지 못할 사람 고유의 영역에 AI가 도전하는 모습은 사회 전체에 깊은 인상을 남겼다. 일상과 업무, 교육과 비즈니스에 AI 기술을 어떻게 활용할지에 대한 다양한 시도에 불을 붙였다.

이 같은 흐름은 AI 연구개발에 더욱 속도를 더하고 있다. 언어를 능숙하게 다루는 것을 넘어 시각과 청각 정보까지 처리하고, 나아가 사람 같은 혹은 사람을 뛰어넘는 수준의 인지 능력을 가진 AI 개발도 가능하리라는 기대 속에 AI 모델의 능력을 끌어올리려는 시도가 활발하다. 이는 또한 AI가

가져올 막대한 시장 기회에 대한 기대 때문이기도 하다.

AI는 인터넷과 스마트폰에 이어 또 한 번, 기술이 세상을 바꿀 거대한 흐름이 될 것으로 예상된다. AI를 선점하는 기업에는 세계 경제를 주도할 기회가 오지만, 이 흐름에서 밀려나는 기업은 속절없이 추락할 것이다. 구글이나 아마존, 메타처럼 지금 세계를 지배하는 빅테크 기업도 예외는 아니다. 이들이 AI 연구개발과 인프라 구축, 인력 확보에 전력을 기울이는 이유다. 이런 각축 속에서 초거대 AI 모델은 속도를 늦추지 않고 나날이 발전하고 있다.

✦ 이미지와 소리도 이해하는 GPT-4o

챗GPT를 선보이며 생성형 AI 열풍을 일으킨 오픈AI는 이후 지속적으로 새로운 AI 모델과 서비스를 선보이며 시장을 주도하고 있다. 2023년 3월 챗GPT의 기반이 된 GPT-3.5 모델을 개선한 GPT-4를 선보였고, 이어 2024년 5월에는 특히 '멀티 모달' 기능에 초점을 맞춘 새 모델 GPT-4o를 공개했다. GPT-4o는 챗GPT 서비스를 통해 사용할 수 있다.

멀티 모달은 텍스트뿐 아니라 이미지나 소리까지 다양한 감각 정보를 처리할 수 있다는 의미다. AI 모델에 이미지를 보여주며 관련된 질문을 하거나 실제 음성으로 대화하며 원하는 답을 얻을 수 있다. 이런 멀티 모달 기능은 GPT-4에서도 쓸 수 있었으나, GPT-4o 모델에서 더욱 발전된 모습으로 구현됐다. GPT-4o의 'o'는 '모든 것'을 뜻하는 접두어 '옴니(omni)'에서 따온 것이라고 오픈AI는 설명한다. AI가 인간처럼 모든 감각을 사용해 인간과 자연스럽게 소통하는 시대가 가까이 왔다.

전에는 챗GPT 같은 생성형 AI 서비스를 쓸 때 텍스트로 프롬프트를 입력하는 경우가 대부분이었다. 문자로 알고 싶은 것을 질문하고, 결과물 역시 텍스트 형태로 얻는다. 문자로 입력하고, 문자로 출력을 받는 것이다. 반면 GPT-4o 모델은 문자 외에 이미지와 음성, 소리 등도 쉽고 빠르게 사용할 수 있게 하는 데 초점을 맞췄다.

GPT-4o는 텍스트뿐 아니라 음성, 이미지, 영상 등을 프롬프트로 입력할 수 있으며, 결과물 역시 음성과 이미지, 영상 등으로 생성할 수 있다. GPT-4o 발표 당시 시연 영상을 보면, 발표자가 GPT-4o가 적용된 챗GPT 모바일 앱을 실행하고 스마트폰 카메라로 주변을 비추며 "내가 무엇을 하고 있는 것 같냐?"라고 묻자, 이에 AI는 "조명과 삼각대, 마이크 등이 있는 것으로 보아 스튜디오에서 영상을 찍고 있는 것 같다"라고 대답한다. 사용자의 음성 질문과 주변의 시각 정보를 받아들여 이를 바탕으로 한 결과를 음성으로 알려준다.

이 같은 멀티 모달 기능은 이전 GPT-4 모델에서도 가능했다. 하지만 속도가 늦었다. 사용자가 음성으로 프롬프트를 입력하면 음성을 문자로 변환하는 별도 AI 모델을 이용해 텍스트로 전환하고, GPT-4 모델이 입력된 텍스트를 처리한 후, 이 결과를 다시 문자-음성 변환 모델을 활용해 음성으로 출력했다. 언어 모델 자체는 텍스트만 처리하는 것이다. 여러 단계를 거치다 보니 반응 속도가 느려질 수밖에 없다.

반면 GPT-4o는 다양한 종류의 시청각 정보를 하나의 신경망에서 학습시켜 처리 속도를 크게 향상시켰다. 음성 등 소리 입력에 대한 반응 속도는 평균 320밀리초(1밀리초=1000분의 1초)로 사람들이 실제 대화할 때와 비슷한 수준이다. 가장 빠르게 처리할 때의 반응 속도는 232밀리초까지 내려갔다. AI와 좀 더 자연스러운 소통이 가능해진 셈이다. GPT-4를 적용한 챗GPT에서 '보이스 모드'를 사용할 경우 입력 후 응답을 얻는 데 5.4초가 걸리는 것을 생각하면 큰 폭의 개선이 이루어졌다.

또 GPT-4에 비해 텍스트 생성 속도는 2배 빨라졌고, 외부 앱에서 오픈AI와 연결해 생성형 AI 서비스를 사용할 때 드는 비용은 50% 싸졌다. GPT-4o는 50개 언어로 사용 가능하다. 이는 세계 인구의 97%가 자신의 언

AI 벤치마크에 나타난 GPT-4o 대비 o1 성능 향상 폭.
© 오픈AI

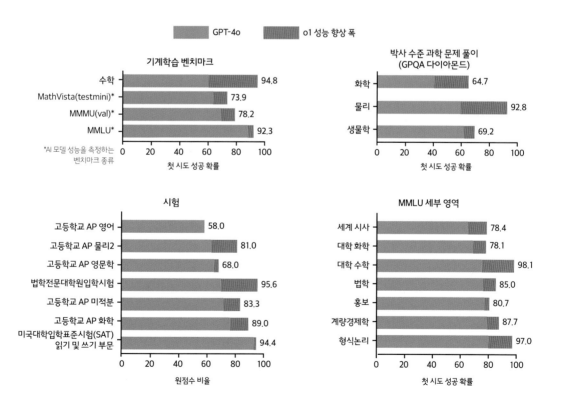

GPT-4o o1 성능 향상 폭

기계학습 벤치마크

수학	94.8
MathVista(testmini)*	73.9
MMMU(val)*	78.2
MMLU*	92.3

*AI 모델 성능을 측정하는 벤치마크 종류

첫 시도 성공 확률

박사 수준 과학 문제 풀이 (GPQA 다이아몬드)

화학	64.7
물리	92.8
생물학	69.2

첫 시도 성공 확률

시험

고등학교 AP 영어	58.0
고등학교 AP 물리2	81.0
고등학교 AP 영문학	68.0
법학전문대학원입학시험	95.6
고등학교 AP 미적분	83.3
고등학교 AP 화학	89.0
미국대학입학표준시험(SAT) 읽기 및 쓰기 부문	94.4

원점수 비율

MMLU 세부 영역

세계 시사	78.4
대학 화학	78.1
대학 수학	98.1
법학	85.0
홍보	80.7
계량경제학	87.7
형식논리	97.0

첫 시도 성공 확률

어로 생성형 AI를 이용할 수 있다는 의미다. 한국어처럼 라틴어 계열이 아닌 언어들의 토큰 수도 크게 줄였다. 토큰은 AI 언어 모델이 인식하는 언어의 단위로, 우리가 쓰는 단어와 비슷하지만 꼭 일치하는 것은 아니다. 알파벳을 쓰지 않는 언어는 영어에 비해 토큰 수가 늘어나는 경향이 있다. 생성형 AI 서비스는 사용한 토큰 수량에 따라 과금하기 때문에 비영어권 국가 사용자들은 생성형 AI 활용에 비용 부담이 더 컸다. GPT-4o에서 한국어 토큰은 1.7배 더 적어졌고, 언어에 따라서 최대 4.4배까지 줄었다.

✦ 반응 속도 빨라져 실시간 통역 도구로도 활용 가능

오픈AI 연구진이 GPT-4o의 실시간 통역 기능을 시연하고 있다.
© 오픈AI

GPT-4o는 멀티 모달 기능을 바탕으로 기존 생성형 AI 서비스들보다 더 다양하고 편리하게 활용할 수 있을 것으로 기대된다. 생성형 AI의 대표적인 활용 사례 가운데 하나인 컴퓨터 프로그램 코딩을 예로 들어보자. 프로그래밍 언어도 언어의 일종이고, 사람의 언어보다 더 논리적인 구조를 갖고 있다는 점에서 초거대언어모델 기반의 생성형 AI 모델이 높은 성능을 보일 수

있는 분야다. GPT-4o의 멀티 모달 기능을 활용하면, 파이썬 코드를 챗GPT에 올리고 사용자가 말로 코드에 대해 설명하며 수정을 요청할 수 있다. 또 실행된 코드에 대해 GPT-4o가 다시 시각 자료를 이용해 설명해 줄 수 있다. 이전에는 코딩한 화면을 스크린샷으로 찍어 챗GPT에 올리고 질문을 입력하는 방식으로 사용했다면, 이제는 코드를 짠 후 스마트폰으로 화면을 보여주며 말로 원하는 내용을 묻거나 요구할 수 있다. 데이터 분석이나 코딩 작업이 한결 단순해질 수 있어 업무 효율을 높일 수 있다.

반응 속도가 빨라져 실시간 통역 도구로 활용할 수도 있다. 오픈AI의 GPT-4o 시연 영상에는 영어 사용자와 이탈리아어 사용자가 GPT-4o를 이용하여 실시간으로 양측의 말을 번역하며 대화하는 장면이 나온다. 또 취업 면접에 대비하여 AI에 면접관 역할을 맡겨 모의 인터뷰를 하거나 기업에서 직원들이 업무 현장에서 마주칠 수 있는 상황을 가상 환경에서 교육하는 식으로 시나리오에 따른 역할극 연출도 가능하다. 외국 여행자나 시각장애인에게도 유용할 것이다.

초거대언어모델에 기반을 둔 생성형 AI는 탁월한 문장 생성 능력을 보여주지만, 소리와 이미지, 촉각, 운동감각처럼 사람이나 동물이 갖는 다른 학습 및 표현 수단을 갖지 못했다는 약점이 있다. 이로 인해 일상 환경에 자연스럽게 스며드는 데 제약이 있다. 하지만 멀티 모달 기능이 개선됨으로써 좀 더 자연스럽게 사람과 상호 작용하며 일상에서 더 많은 편리함을 줄 수 있게 되었다. 또 소리와 이미지, 영상 등의 정보를 좀 더 많이 접하고 학습함으로써 AI가 세계를 좀 더 잘 인식하게 하는 데도 도움이 될 전망이다.

✦ AI는 수학 영재? 추론 능력 강한 오픈AI o1

GPT-4o에 이어 오픈AI는 2024년 9월 새로운 AI 모델 '오픈AI o1-프리뷰'를 공개했다. 이 역시 초거대언어모델이지만, 기존 GPT와 달리 '추론(reasoning)' 기능에 초점을 맞춘 것이 특징이다. 마치 사람이 머리를 써서 복잡한 수학 문제나 퍼즐을 풀듯 어려운 문제를 해결할 수 있다.

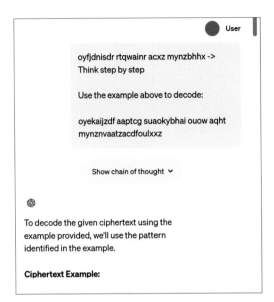

오픈AI의 기존 GPT 모델은 '생성'에 초점을 맞췄다. 학습한 데이터를 바탕으로 그럴듯한 문장을 얼마나 빨리 만들어내느냐가 중요했다. 반면 o1 모델은 복잡한 문제를 단계적으로 해결하는 능력을 목표로 한다. 따라서 프롬프트를 입력한 후 결과가 나올 때까지 시간이 더 걸린다. 멀티 모달이나 이미지 생성 같은 GPT-4o의 기능도 일부 빠졌다. 대신 복잡한 수학과 과학, 컴퓨터 코딩 문제를 해결하는 능력이 크게 향상되었다. 해당 분야 박사 수준의 역량을 갖추었다는 평가다.

오픈AI가 제시한 사례를 보자. 이들은 o1에 'oyekaijzdf aaptcg suaokybhai ouow aqht mynznvaatzacdfoulxxz'라는 암호화된 문장을 프롬프트로 제시했다. 이때 'oyfjdnisdr rtqwainr acxz mynzbhhx'라는 암호문은 'Think step by step(단계에 따라 생각해)'이란 뜻이라는 사실을 함께 알려주며, 이 힌트를 활용해 암호를 풀라고 지시했다. 이에 o1 모델은 보기에 나타난 글자의 알파벳에서의 순서에 맞춰 숫자를 부여하고, 이 숫자들에 대한 연산을 통해 본래 글자를 해독하는 패턴을 파악했다. 이어 풀어야 하는 문장에 이 기법을 적용하여 한 단어씩 해독한 뒤 제시된 암호가 'THERE ARE THREE R'S IN STRAWBERRY(딸기의 철자에는 3개의 R이 있어)'라는 뜻이라는 것을 보였다.

이는 AI 모델이 그간 약점으로 지적되던 상식이나 추론 측면에서 원하는 능력을 가질 수 있음을 보여준다. 챗GPT나 구글 제미니 같은 초거대언어모델 기반 생성형 AI는 방대한 지식을 갖고 능숙하게 문장을 뱉어내지만, 때로 어이없는 실수를 하거나 비상식적인 결과물을 낸다는 약점이 있었다.

최근 인터넷에서는 챗GPT가 '딸기(strawberry)라는 단어에 'r'이 몇 개나 들어 있지?'라는 질문에 '3개'라는 정답을 제시하지 못하고, 엉뚱한 대답을 한다는 사실이 밈이 되어 돌아다녔다. 인간에게는 너무나 쉬운 상식적 문

오픈AI o1 모델의 암호문 해독 과정.
ⓒ 오픈AI

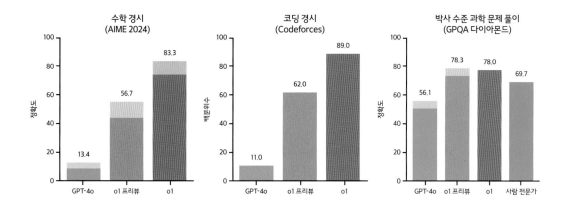

수학 경시
(AIME 2024)

GPT-4o	o1 프리뷰	o1
13.4	56.7	83.3

정확도

코딩 경시
(Codeforces)

GPT-4o	o1 프리뷰	o1
11.0	62.0	89.0

백분위 수

박사 수준 과학 문제 풀이
(GPQA 다이아몬드)

GPT-4o	o1 프리뷰	o1	사람 전문가
56.1	78.3	78.0	69.7

정확도

수학, 코딩, 과학 분야에서
오픈AI 주요 모델의 성능 비교.
© 오픈AI

제를 해결하지 못하는 생성형 AI의 약점을 잘 보여준다. 이는 생성형 AI가 단어 사이의 관계를 학습해 다음에 나오면 적당할 만한 말을 생성해내는 기능을 하는 것이지, 사람처럼 세계에 대한 상식을 갖거나 추론을 하도록 하는 데 중점을 두고 만들어진 것이 아니기 때문이다. 오픈AI는 시중에 떠도는 자사 AI 모델에 대한 비판을 소재로 활용하여 새로 개발한 o1 모델의 성능을 재치 있게 설명한 것이다.

이 같은 추론 능력은 특히 수학이나 과학에서 힘을 발휘한다. o1은 국제 수학 올림피아드 참가자 선발 시험에서 83%의 정답률을 보였다. 반면 GPT-4o는 문제의 13%만 정확히 풀었다. 수학 올림피아드는 세계 각국의 대학 입학 전 학생들이 수학 실력을 겨루는 행사로, 탁월한 수학자들을 많이 배출했다. 이런 시험에서 AI가 수학 영재들에 뒤지지 않는 실력을 보인 것이다.

코딩 실력 역시 전문 프로그래머 못지않은 수준으로 발전했다. 어려운 코딩 문제를 제시하고 세계 프로그래머들이 실력을 겨루는 '코드포스(Codeforces)'라는 웹사이트가 있는데, o1은 여기서 백분위 점수 89를 기록했다. 전체 참여자의 89%보다 좋은 성적을 거두었다는 의미다. 반면 GPT-4o의 백분위 점수는 11에 불과했다. 또 물리학이나 화학, 생물학 등의 전문 지식을 측정하는 GPQA(Graduate-Level Google-Proof Q&A Benchmark) 테스트에서 박사 학위 소지자 수준의 결과를 냈다. GPQA는 과학 분야 지식 수준을 측정할 목적으로 사람과 AI 모두 풀기 매우 어렵게 만든 문제들의 모음이다. 해당 분야 박사 학위 소지자들이 보통 65%의 정답률을 보인다.

향상된 추론 능력을 바탕으로 앞으로 AI가 수준 높은 과학 연구나 소프트웨어 개발을 지원할 수 있으리라는 기대가 나온다. 오픈AI는 o1 모델이 생명과학 연구자를 도와 유전서열 데이터의 특징을 파악하거나, 양자 광학 연구에 필요한 복잡한 수식을 생성할 수 있을 것이라고 소개한다.

o1 공개 전 관련 업계에서는 오픈AI가 일반인공지능(AGI)에 가까운 새 AI 모델을 개발하는 중이라는 소문이 돌았다. 이 프로젝트는 초기엔 'Q*(큐스타'라고 읽는다)', 후엔 '딸기(Strawberry)'라는 이름으로 알려졌다. 사람처럼 생각하는 AGI에는 추론 능력이 필수이다. 어려운 수학 문제를 풀어내는 AI 모델을 보고 내부 연구원들은 "AGI 개발의 돌파구가 열렸다"라고 평가했다고 한다. 이 모델이 오픈AI o1이란 이름을 걸고 공개된 것이다. 현재는 일반인들이 사용할 수 있는 간략한 버전의 'o1 프리뷰'와 소프트웨어 개발자들을 대상으로 한, 좀 더 빠르고 효율적인 버전인 'o1 미니' 등 두 가지가 나와 있다.

오픈AI의 기존 AI 모델은 모두 GPT라는 이름을 달고 나왔다. GPT는 'Generative Pre-trained Transformer'의 약자로, '트랜스포머' 기술에 기반을 두고 방대한 데이터를 학습한 생성형 AI 모델이라는 의미다. 2020년 3세대 모델인 GPT-3에 이르러 기존 AI를 뛰어넘는 성능을 보이며 생성형 AI의 가능성을 제시했고, GPT-3를 업그레이드한 GPT-3.5에 편리하게 사용할 수 있도록 대화형 인터페이스 디자인을 입혀 대중에 공개한 것이 챗GPT이다. 이후 GPT-4, GPT-4 터보, GPT-4o 등으로 모델을 꾸준히 업그레이드했다.

하지만 이번 o1 모델에는 GPT라는 이름이 붙지 않았다. 대신 o1이라는 새로운 이름 붙이는 방식을 채택했다. 그만큼 추론 능력 개선에 초점을 맞춰 새로 개발한 이 모델이 AI의 새로운 시대를 열 것이라는 기대와 자부심을 갖고 있다는 의미이기도 하다.

✦ o1을 똑똑하게 만든 '생각의 사슬'

그렇다면 오픈AI는 어떻게 초거대언어모델에 추론 기능을 심었을까? 그 비밀은 바로 생각의 사슬, 즉 '연쇄 사고(CoT, Chain-of-Thought)' 기법에 있다. 줄지어 길게 이어진 사슬처럼 복잡한 과제를 여러 개의 작은 단계로 쪼개어 하나씩 해결해 나가는 것이다. 큰 프로젝트를 하거나 중장기 목표를 세울 때 이를 하나의 전체로 바라보면 막막하지만, 작은 중간 목표와 일정으로 나누면 일의 효율이 오르고 끝까지 마무리할 가능성도 높아지는 것과 비슷하다. 오픈AI는 강화학습을 통해 CoT 기법을 AI에 학습시켰다.

앞서 암호문 해독 사례에서 보듯 CoT는 문제에서 패턴을 찾아 여러 단계로 나누고 적합한 추론 방식을 제시한 후, 추론의 결과를 종합하여 최종적인 답을 제시하는 방식이다. 사람이 복잡한 문제에 마주쳤을 때 해결하는 과정을 모방한 셈이다. 이렇게 하면 복잡한 문제에도 좀 더 정확한 결과를 제시할 수 있어 특히 수학과 과학 등의 분야에서 효과가 좋은 것으로 알려져 있다.

'1+1의 값은 얼마인가?'라는 질문을 챗GPT에 했을 때 '2'라는 답을 내놓는데, 이는 챗GPT의 계산 능력이 훌륭하기 때문이 아니라, '1+1=2'라는 내용이 학습 데이터에 많이 포함되어 있었기 때문일 가능성이 크다. 만약 '1+3+15-2+3(2+1)의 값은?' 같이 길고 학습 데이터에 없을 가능성이 큰 프롬프트를 입력할 경우 AI는 엉뚱한 대답을 내놓기 십상이다. 하지만 문제의 일부인 '1+3', '15-2' 같은 내용은 학습 데이터에 포함되어 있을 가능성이 크고, 이렇게 문제를 쪼개면 AI 모델이 정확한 답을 낼 확률이 좀 더 커진다.

또 CoT는 AI가 연쇄적으로 생각하는 과정을 파악할 수 있어, 결과물에 이르는 과정을 알 수 없다는 기존 생성형 AI의 '블랙박스' 문제를 덜 수 있다. 블랙박스 문제는 AI를 사회의 민감한 문제에 적용하기 어렵게 만드는 불안 요소였다. 다만, 오픈AI는 o1의 추론 과정을 역으로 추적해 작동 원리를 파악하고 이를 악용하는 문제를 막기 위해 일반 사용자에게는 추론 과정을 공개하지 않기로 했다.

CoT 기법은 보통 바람직한 추론 과정을 보여주는 사례를 몇 가지 제시해 학습시키거나 '단계별로 생각하라' 같은 막연한 프롬프트를 사용하는 방식으로 모델에 학습시킨다. 매개변수 1000억 개 이상의 대형 모델에서 주로 잘 작동한다. 챗GPT 같은 기존 생성형 AI 모델도 프롬프트를 줄 때 '단계별로 생각해 봐'라는 말을 추가하면 신기하게도 이에 반응해 좀 더 정확한 결과를 생성한다는 사실이 알려져 있었다. 오픈AI는 이 같은 CoT 기법을 모델 훈련에 적용해 추론 능력이 향상된 o1 모델을 만들어냈다.

추론에 중점을 둔 o1 모델은 프롬프트 처리 시간이 더 길고 간단한 과제에서는 오히려 기존 모델보다 낮은 성능을 보이기도 하지만, 수학과 과학 연구 등 복잡한 과제 해결을 도움으로써 AI의 활용도를 크게 높일 수 있다. 나아가 사람을 모방하여 사람처럼 생각하는 AGI 개발로 가는 교두보가 될 수 있다.

✦ AI 터줏대감 구글의 제미니

오픈AI가 새로운 AI 기술을 잇달아 선보이는 가운데, 구글이나 메타 등 다른 빅테크 기업이나 AI 스타트업 기업들도 끊임없이 새로운 성과를 내놓고 있다. 구글의 대표 AI 모델은 '제미니(Gemini)'이다. 비록 구글이 최근 생성형 AI 분야에서 오픈AI에 밀려 주목을 덜 받고 있고, 생성형 AI 모델에서 나타나는 오류나 환각으로 비판받는 경우가 많지만, 구글이 일찍부터 AI 연구개발에 많은 노력과 투자를 해 오며 최고 수준의 기술력을 쌓아온 것은 부정할 수 없다.

제미니는 텍스트와 이미지, 소리, 영상 등 다양한 정보를 이해하고 처리하는 멀티 모달 AI 모델이다. 손으로 쓴 노트나 그래프, 다이어그램 등 다양한 형태의 데이터를 입력받아 문제를 해결하고 결과를 내놓을 수 있다. '울트라', '프로', '나노' 등 세 가지 크기의 제품군이 있어 기업이나 개인 등이 용도에 맞춰 사용할 수 있다. AI 모델의 성능을 측정하는 32개 주요 벤치

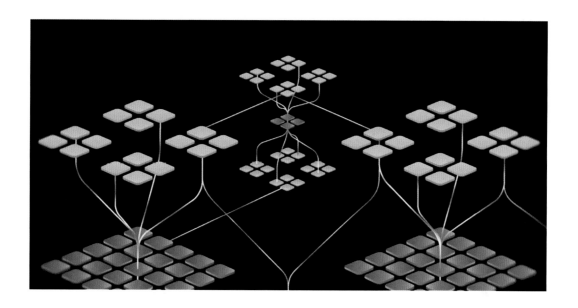

구글 제미니를 소개하는
이미지.
ⓒ구글

마크 중 30개에서 최고 성능을 기록했다.

　　최근에는 제미니를 업그레이드한 '제미니 1.5' 버전도 내놓았다. 전체적인 성능을 높였고, 지원 가능한 토큰 콘텍스트 창을 200만 개로 늘렸다. 200만 토큰 규모의 프롬프트에 대한 답을 주고받아도 맥락을 잃지 않고 사용자가 원하는 작업을 처리할 수 있다는 의미다. AI 모델은 설정된 길이를 넘어서는 프롬프트를 처리하면 앞에 대화했던 기억을 잃고 엉뚱한 결과를 내는 경우가 있기 때문에 콘텍스트 창의 크기는 복잡한 일의 수행 여부에 큰 영향을 미친다.

　　제미니는 구글 검색을 할 때 검색 결과에 나온 페이지의 내용을 정리해 일목요연하게 보여주는 '오버뷰' 기능에도 활용된다. 또 구글은 사용자가 일반 검색이 아니라 채팅 형식으로 원하는 결과를 얻는 서비스에 '제미니'를 활용하는데, 이 서비스 이름 역시 '제미니'이다.

　　또 구글은 제미니 기술을 바탕으로 한 오픈소스 모델 '젬마(Gemma)'와 코딩, 수학 등 추론에 강한 'PaLM'이란 모델도 보유했다. 젬마는 제미니보다 가벼운 모델이지만, 개발자들이 자유롭게 활용할 수 있고 특정 작업에 맞게 파인 튜닝(미세조정)을 할 수 있다. PaLM은 5400억 개의 매개변수로 학습

111

한 초거대 모델이다.

◆ 오픈소스로 승부하는 메타

페이스북과 인스타그램, 왓츠앱 메신저 등을 운영하는 메타도 AI에 관심을 갖고 연구개발에 힘을 쏟고 있다. 메타는 'Llama(Large Language Model Meta AI)'라는 오픈소스 AI 모델을 보유하고 있다. 2024년 7월 이 모델의 최신 버전인 Llama 3.1이 나왔다. 3.1 세부 버전 중 가장 큰 405B는 4050억 개의 매개변수로 학습해 매개변수 규모가 이전 Llama 2 버전보다 5배 이상 늘었다. 콘텍스트 창은 50페이지 분량에 해당하는 12만 8000 토큰으로 늘어났고, 8개 언어를 지원한다. 장문의 텍스트 요약, 다국어 대화, 코딩 지원, 수학 문제 풀이 등 다양한 기능을 갖추었다. 왓츠앱과 같은 메타의 서비스에서 제공하는 AI 기능을 통해 사용해 볼 수 있다.

메타는 오픈소스 AI 모델 '라마(LlamMA)'를 내놓으며 오픈AI, 구글과 경쟁하고 있다.

Llama 모델은 오픈소스라는 점이 가장 눈에 띈다. 오픈소스 소프트웨어란 폐쇄적인 일반 상용 소프트웨어와 달리 소프트웨어의 여러 요소를 공개해 누구나 활용하거나 변형하거나 개선할 수 있게 한 소프트웨어를 말한다. 기업용으로 많이 쓰이는 리눅스 운용체계(OS)는 오픈소스의 대표적 성공 사례 중 하나다. 오픈AI의 GPT나 구글 제미니 모델은 폐쇄되어 있어 외부에서 속을 들여다볼 수 없다. 반면, 메타의 Llama 모델은 무료로 다운로드해 뜯어보고 활용할 수 있다.

앞으로 세계에 큰 영향을 미칠 초거대 AI 모델이 소수 대기업의 손에 들어가 사회의 견제와 감시가 어렵다는 점에 대한 우려도 나오는 상황이다. 이에 따라 오픈소스 AI 모델을 만들려는 시도가 많이 있으나, 아무래도 자원이 풍부한 빅테크 기업이 만든 모델에 비해 용량이나 규모가 미진한 것은 사실이다. 이런 상황에서 대표적 빅테크 기업 중 하나인 메타는 개발한 AI 모델을 오픈소스로 풀고 있다. Llama 3.1 버전은 오픈AI의 GPT-4o와 비슷한 수준의 성능을 보인다는 평가다. 현재 Llama 모델은 누적으로 3억 건이 다운로드되었고, 대학 연구소나 중소기업 등에서 수많은 파생 모델이 나와 다양한 시도가 이뤄지고 있다.

이 같은 메타의 행보는 물론 자선 사업은 아니다. 생성형 AI 모델 경쟁에서 주도권을 놓친 메타로서는 오픈소스를 활용해 자사 모델 중심의 생태계를 확산하는 것이 더 이득이라고 판단한 것이다. 소프트웨어 산업에서는 여러 사람이 참여해 자유롭게 활용하고 수정 및 변화를 도모하는 오픈소스 방식이 특정 기업의 폐쇄적 제품을 쓰는 것보다 더 혁신을 촉진하고 결국 상업적으로도 더 큰 이익을 안긴 사례가 많이 있다. 메타는 관련 생태계를 육성하며 AI 분야 주도권을 확보해 나가는 방식을 택한 것이다.

또 메타는 2024년 9월 말에는 스마트폰에서 돌릴 수 있도록 무게를 줄인 Llama 3.2 모델도 선보였다. 각각 10억 개와 30억 개의 파라미터를 가진 두 개 모델이 나왔다. 스마트폰 같은 사용자 단말기에서 AI 모델을 돌리려면 모델 크기를 줄여야 하지만, 클라우드 서비스를 사용하지 않기 때문에 속도가 빠르고 프라이버시를 보호할 수 있다는 장점이 있다.

한편, AI 전문 스타트업 중에는 오픈AI 연구자들이 주축이 되어 창업한 앤스로픽의 '클로드' 모델이 주목받고 있다. 최신 클로드 3.5 소넷은 GPT-4o나 Llama 3.1 정도의 성능을 보인다는 평가를 받으며, 실제 프로그램 코드 작성이나 프로젝트 진행에 활용 가능한 다양한 업무 지원 기능들을 제공한다.

✦ 지금 AI 미래의 시작점에 서 있다

오픈AI의 챗GPT 출시로 촉발된 AI 혁명은 이제 자연스러운 텍스트 생성을 넘어 이미지와 소리, 영상 등 다양한 감각 정보를 동시에 빠르게 처리하는 멀티 모달로 발전하고 있다. 이는 실제 사람처럼 다양한 감각을 이해하고 표현할 수 있는 AI 개발로 이어져 AI의 능력과 활용을 크게 늘일 전망이다.

또 상식을 갖추고 뛰어난 추론 능력을 지닌 AI 개발도 힘을 받고 있다. 인간 수준을 뛰어넘는 추론 능력을 가진 AI는 우리의 일상 업무를 대신하는 진정한 AI 비서로 발전할 가능성이 있다. 나아가 복잡한 수학이나 과학 연구를 지원함으로써 인류의 기술 수준을 한층 더 높일 수도 있다. 이 과정에서 AI가 인류의 지적 능력을 뛰어넘는 초지능으로 진화하리라는 기대 또는 우려도 나온다. 우리는 지금 AI 발달에 의해 세상이 변화하는 초기 시점, 가장 흥미로운 시대를 지나고 있는지 모른다.

7

공룡 연구 200년

박진영

고생물학자이자 공룡 전문 연구가. 강원대 지질학과를 졸업하고 전남대 지구환경과학부에서 석사학위를, 서울대 지구환경과학부에서 박사학위를 취득했다. 현재 서울대 기초과학연구원의 선임연구원이다. 아시아의 갑옷 공룡 탈라루루스의 머리뼈를 처음으로 복원했고, 새로운 갑옷 공룡 종인 타르키아 투마노바이를 보고했다. 『읽다 보면 공룡 박사』, 『신비한 공룡 사전』, 『박진영의 공룡 열전』 등을 집필했고, tvN '어쩌다 어른', '벌거벗은 세계사', EBS '한 컷의 과학' 등에 출연했다.

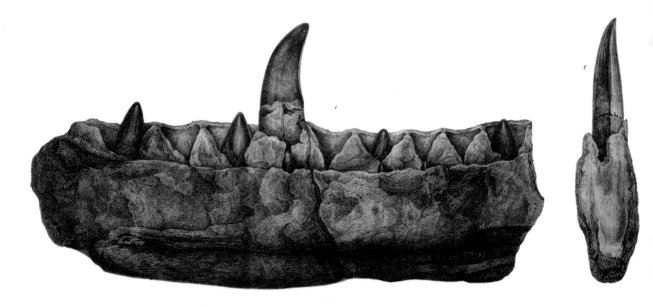

ANTERIOR EXTREMITY OF THE RIGHT LOWER JAW OF THE MEGALOSAURUS.
FROM STONESFIELD, NEAR OXFORD.
Scale of Inches

200주년 맞은 공룡 연구, 어디까지 왔나?

●
윌리엄 버클랜드가 보고한
메갈로사우루스의 아래턱뼈
화석.

1818년 나폴레옹 전쟁이 끝나고 영국 옥스퍼드대학에 손님 한 명이 찾아왔다. 프랑스의 조지 퀴비에(George Cuvier)였다. 퀴비에는 유능한 해부학자였다. 뼈 하나만 보고도 그것이 어떤 종류의 동물인지를 추정할 수 있었다. 조그마한 단서만으로도 생물을 분류할 수 있어서, 퀴비에가 모티브가 된 캐릭터가 바로 셜록 홈즈(Sherlock Holmes)라는 얘기도 있다. 퀴비에는 화석을 연구하는 분야, 고생물학(paleontology)을 처음 만든 사람이기도 하다.

퀴비에가 옥스퍼드대학에 방문한 이유는 화석들을 구경하기 위해서였다. 옥스퍼드대학 박물관은 다양한 화석들을 소장하고 있었다. 암모나이트라든지 삼엽충 같은 화석들이 오래된 나무 캐비닛 안에 잔뜩 쌓여 있었다. 하지만 퀴비에가 관심 있게 본 화석은 따로 있었다. 바로 어떤 동물의 턱뼈 화석이었다.

이 턱뼈 화석은 1790년대에 옥스퍼드셔(Oxfordshire)에 있는 한 광산에서 발견된 거였다. 끝부분만 보존된 턱뼈였지만 크기가 어른 손바닥 두 개만 한 큰 화석이었다. 턱뼈 한쪽에는 날카로운 이빨들이 들쭉날쭉 솟아 있었다. 퀴비에는 이것이 도마뱀의 아래턱과 비슷하다는 것을 알아차렸다.

퀴비에는 이 화석이 거대한 파충류의 것이라고 생각했다. 이것을 당시 옥스퍼드대학의 지질학 교수 윌리엄 버클랜드(William Buckland)에게 귀띔해 줬다. 그동안 학계에서 보고된 적이 없었던 새로운 종류의 동물이었다. 퀴비에로부터 중요한 힌트를 얻은 버클랜드는 이때부터 이 거대 파충류를 연구하기 시작했다. 하지만 대학의 인기 강사였던 버클랜드는 하루하루가 바쁜 사람이었다. 그의 연구 속도는 더딜 수밖에 없었다.

1824년이 돼서야 버클랜드는 자신의 연구 결과를 학계에 보고할 수 있었다. 그는 이 파충류에게 '큰 도마뱀'이란 뜻의 그리스어 '메갈로사우루스(Megalosaurus)'라는 이름을 붙여줬다. 메갈로사우루스는 학계에 최초로 이름을 붙여준 공룡이었다. 메갈로사우루스를 시작으로 한 공룡 연구가 2024년 200주년을 맞이했다.

◆ 공룡을 공룡이라 부르다

메갈로사우루스는 지금으로부터 약 1억 6600만 년 전 유럽 일대에서 살았던 공룡이었다. 몸길이는 9m, 몸무게는 거의 1톤 정도로 코끼리만 한 크기의 동물이었다. 칼처럼 생긴 이빨들로 가득한 주둥이와 갈고리 같은 앞발톱을 이용해 다른 동물을 사냥해 먹었던 육식 공룡이었다.

메갈로사우루스가 보고되고 1년 후인 1825년에는 이구아노돈(Iguanodon)이란 동물이 학계에 보고됐다. 이구아노돈은 약 1억 2400만 년 전쯤에 살았던 공룡이었다. 메갈로사우루스랑 몸집이 비슷했다. 하지만 이구아노돈은 메갈로사우루스와 달리 마름모꼴의 이빨을 갖고 있었다.

　이구아노돈의 이빨은 오늘날 살아 있는 초식성 도마뱀인 이구아나의 것과 비슷했다. '이구아나의 이빨'이란 뜻의 라틴어식 이름을 얻게 된 건 이 때문이었다. 이구아노돈의 이빨은 고기를 자르기보다는 식물 잎사귀를 뜯기에 적합했다. 메갈로사우루스와 달리 이 공룡은 초식성이었다. 이구아노돈은 학계에 최초로 보고된 초식 공룡이었다.

　하지만 당시 그 누구도 메갈로사우루스와 이구아노돈을 공룡이라 부르지 않았다. 공룡 자체를 아무도 모르던 시절이었다. 메갈로사우루스와 이구아노돈이 좀 특별한 파충류임을 처음 알아차린 사람은 생물학자이자 고생물학자였던 리처드 오웬(Richard Owen)이었다.

　1842년 오웬은 당시 영국 왕립 외과 의과대학(Royal College of Surgeons of England)의 교수였다. 그는 메갈로사우루스와 이구아노돈의 다리 구조가 일반적인 파충류보다는 포유류와 무척 비슷하다는 사실을 알아냈다. 도마뱀이나 악어와 같은 파충류는 다리가 몸의 옆으로 뻗어 있다. 땅을 향해 내리누르는 몸무게를 지지하기가 힘든 구조다. 반면에 메갈로사우루스와 이구아노돈은 포유류처럼 다리가 몸의 밑으로 뻗어 있었다. 거대한 몸을 잘 지지할 수 있는 구조였다.

　오웬은 메갈로사우루스와 이구아노돈을 묶어서 새로운 파충류 무리를 보고했다. 그는 파충류 무리에게 그리스어로 '무서울 정도로 큰 도마뱀'이란 뜻의 '다이노소어(dinosaur)'라는 이름을 붙여줬다. 메갈로사우루스, 이구아노돈이란 두 동물 모두 몸집이 커서 붙여진 이름이었다. 19세기 말쯤에 '다이노소어'는 일본에서 한자로 '恐(두려울 공)', '龍(용 룡)'으로 번역됐다. '공룡'이라는 이름은 이렇게 만들어졌다.

　공룡에게 공룡이란 이름을 붙여준 업적 때문에 오웬은 유명한 과학자가 됐다. 그의 업적이 널리 알려지자 영국 왕실에서는 그의 연구 결과를 수정궁(Crystal Palace) 정원에 전시할 수 있는 기회를 마련해 줬다. 오웬은 당시 유명한 조각가였던 벤저민 호킨스(Benjamin Hawkins)와 함께 그 일에 착수했고, 1854년 시멘트를 사용해 실물 크기로 제작된 공룡 복원 모형들이 대중

수정궁에 전시된
메갈로사우루스의 복원 모형.
오늘날의 복원 모습과는 다르게
생겼다.
ⒸGeograph Britain and Ireland/
wikipedia

에게 공개됐다.

오웬과 호킨스가 복원한 공룡의 모습은 오늘날 우리가 알고 있는 공룡이랑은 많이 달랐다. 공룡보다는 오히려 악어의 머리를 달고 있는 코끼리나 코뿔소 같은 모습이었다. 이런 복원은 어쩔 수 없는 결과였다. 메갈로사우루스는 알려진 게 턱뼈 일부분이랑 골반뼈, 허벅지뼈와 척추뼈 몇 개가 전부였다. 이구아노돈의 경우 꼬리를 제외한 거의 모든 부위가 발견되긴 했지만, 뼈들이 서로 뒤엉킨 채 발견되는 바람에 골격의 전체 모습을 상상하기가 어려웠다.

◆ 공룡은 다양했다

19세기 중반부터 공룡 연구의 주 무대는 미국이 됐다. 남북전쟁(Civil War) 이전부터 미국의 동부해안에서는 크고 작은 공룡 뼈 파편들이 발견됐다. 하지만 온전한 공룡 골격 화석은 미국의 서부에서 처음 발견됐다. 서부는 비가 거의 내리지 않는 사막 지대가 대부분이다. 농사를 지을 수 없는 '안 좋은 땅'이란 뜻에서 이런 곳을 '배드 랜드(bad lands)'라고도 부른다. 농사꾼들에게는 저주받은 곳이었겠지만, 식물이 별로 없어서 화석 사냥꾼들이 땅에 있는 화석을 찾기에는 더없이 좋은 곳이었다.

미국의 공룡 연구를 주도한 것은 오스니엘 마시(Othniel Marsh)와 에드워드 코프(Edward Cope)였다. 마시는 예일대의 교수였고, 코프는 소속이 없는 독립 연구자였다. 마시와 코프는 둘 다 돈이 많았다. 마시는 미국 최초의 백만장자였던 외삼촌, 조지 피바디(George Peabody)로부터 물려받은 재산이 있었다. 코프는 애초에 부유한 집안에서 태어났다.

마시와 코프는 친구였다. 독일 유학 중에 만난 두 사람은 화석 생물에 서로의 이름을 붙여줄 정도로 친했다. 하지만 둘의 우정은 오래가지 못했다. 코프를 위해 일하던 일꾼들을 마시가 돈으로 매수한 사건을 시작으로 둘은 조금씩 멀어졌다. 나중에 마시의 연구 지역에서 코프가 신종 파충류 화석들을 발굴해 가는 바람에 두 사람은 영원한 적이 됐다.

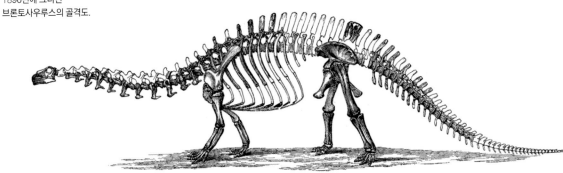

1896년에 그려진 브론토사우루스의 골격도.

알로사우루스의 전신 골격 화석. 현재 미국 자연사 박물관에 전시돼 있다.

1877년 콜로라도주와 와이오밍주에서 거대한 공룡 뼈들이 무더기로 발견됐다. 여기서 발견된 다리뼈 화석 중에는 어른 키만 한 것도 많았다. 그때까지 알려진 공룡 중에서 가장 큰 종류들이었다. 이 소식을 들은 마시와 코프는 서로 더 많은 공룡을 발굴하고 보고하기 위해 일꾼들을 보냈다. 이때 발굴된 공룡 뼈만 해도 수천 톤이나 됐다.

마시와 코프의 경쟁은 날이 갈수록 심해졌다. 양측은 상대 팀의 일꾼을 돈으로 매수하기도 했고 첩자를 보내기도 했다. 상대 팀의 발굴 진행 상황을 항상 염탐했으며, 화석을 훔치는 일도 있었다. 가짜 화석을 땅에 묻어서 상대 팀을 방해하는 경우도 있었다. 화석 발굴이 끝난 화석 산지는 상대 팀이 방문하지 못하게끔 다이너마이트를 이용해 폭파시키기까지 했다. 전쟁을 방불케 했던 마시와 코프의 경쟁을 학계에서는 '뼈 전쟁(bone wars)'이라고 부른다.

중생대 쥐라기를 대표하는 공룡들이 모두 이때 발견됐다. 거대한 목 긴 공룡 아파토사우루스(*Apatosaurus*)가 1877년에, 브론토사우루스(*Brontosaurus*)가 1879년에 보고됐다. 이들은 고래와 몸집이 맞먹는 거구들이었다. 공룡이 얼마나 커질 수 있었는지를 보여준 증거들이었다. 육식 공룡인 알로사우루스(*Allosaurus*)도 이때 발견됐다. 범고래만 한 크기의 이 공룡은 당시에 보고된 육식 공룡 중에서는 가장 몸집이 컸다. 뾰족한 골판들이 등에 솟아 있어 개성 있게 생긴 스테고사우루스(*Stegosaurus*)도 뼈 전쟁 때 발견된 공룡이다.

1889년 마시 팀은 머리에 뿔이 솟아 있는 트리케라톱스(*Triceratops*)를 처음 보고했다. 중생대가 끝날 무렵에 살았던 공룡이 어떻게 생겼는지를 보여준 최초의 증거였다. 같은 해에 코프는 2억 1000만 년 전 중생대 초 트라이아스기 때 살았던 작은 육식 공룡 코일로피시스(*Coelophysis*)를 보고했다. 거대한 몸집과 다양한 모습을 자랑하던 쥐라기와 백악기의 공룡들과 달리 초창기 공룡들은 몸집이 작았음을 보여준 증거였다.

25년간 이어져 온 뼈 전쟁은 1897년 코프가 세상을 떠나면서 끝이 났다. 마시는 코프가 죽고 2년 후인 1899년에 세상을 떠났다. 마시는 공룡 80

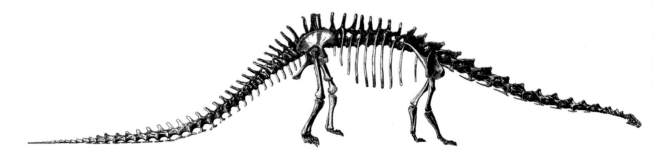

● 1901년에 그려진
디플로도쿠스 카르네기이의
골격도.

종류를 보고했고, 코프는 56종류를 보고했다. 보고한 공룡 종류로만 따지면 뼈 전쟁은 마시가 이긴 거나 다름없다. 하지만 마시와 코프는 화석을 찾는 데 전 재산을 모두 써버렸고, 둘의 치졸한 경쟁은 언론을 통해 세상에 알려지게 됐다. 두 사람 모두 돈과 명예를 전부 잃었기 때문에 마시와 코프 둘 다 뼈 전쟁에서 패했다고 보는 게 맞을 것이다. 뼈 전쟁은 이렇게 허무하게 막을 내렸지만, 마시와 코프는 공룡의 세계가 얼마나 다양했는지를 우리에게 보여줬다.

✦ 공룡 연구의 '암흑기'

마시가 평생 모은 화석들은 예일대 피바디 자연사 박물관과 스미스소니언 자연사 박물관에 남겨졌다. 코프의 화석들은 뉴욕에 있는 미국 자연사 박물관으로 팔려갔다. 어마어마하게 많은 화석을 얻게 된 박물관들은 하나둘씩 공룡들을 조립해 전시하기 시작했다. 전시된 공룡 화석들은 대중의 눈길을 사로잡았고, 공룡을 보기 위해 많은 사람이 박물관을 찾았다.

공룡을 전시하면 방문객이 많이 온다는 걸 알게 되자, 19세기 말부터 서로 더 큰 공룡을 전시하기 위해 박물관끼리 경쟁하게 된다. 이 경쟁에 뛰어든 사람 중에는 강철왕 앤드루 카네기(Andrew Carnegie)도 있었다. 카네기는 자신의 이름을 딴 카네기 자연사 박물관에 거대한 목 긴 공룡을 전시하고 싶었다. 카네기의 지원금을 받은 탐사대는 두 달 만에 새로운 목 긴 공룡을 찾아냈다.

카네기 자연사 박물관의 학자들은 카네기의 이름을 따서 이 공룡에게

디플로도쿠스 카르네기이(*Diplodocus carnegii*)라고 이름을 붙여줬다. 그리고 1907년에 이 공룡의 전신 골격 화석은 대중에게 공개됐다. 디플로도쿠스 카르네기이의 몸길이는 무려 25m나 됐는데, 시내버스 두 대를 이은 것과 비슷한 길이였다. 당시에 알려진 공룡 중에서는 가장 거대했다.

비슷한 시기 미국 자연사 박물관 팀은 와이오밍주와 몬태나주에서 새로운 종류의 육식 공룡을 발견했다. 이전에 가장 큰 육식 공룡으로 알려졌던 알로사우루스보다 두 배는 더 길었고, 몸무게는 거의 네 배는 더 무거운 동물이었다. 당시 미국 자연사 박물관의 관장이었던 헨리 오스본(Henry Osborn)은 이 공룡에게 '왕 도마뱀'이란 뜻의 라틴어 티라노사우루스(*Tyrannosaurus*)라는 이름을 붙여줬다.

1916년 4월 15일, 미국 신문 《더 오그던 스탠더드》에 등장한 티라노사우루스.

티라노사우루스의 전신 골격은 조립된 모습으로 1915년에 처음 대중에게 공개됐다. 박물관과 언론에서는 티라노사우루스에 '공룡의 왕'이란 수식어를 달아줬다. 그 후 지금까지 티라노사우루스는 세상에서 가장 사랑받는 공룡이 됐다. 인기에 힘입어 티라노사우루스는 '잃어버린 세계(1925)', '킹콩(1933)'과 같은 할리우드 영화에도 등장하게 됐다.

공룡에 대한 대중의 사랑은 날이 갈수록 커졌지만, 아이러니하게도 학계 내에서는 공룡연구를 기피하는 현상이 나타났다. 당시 학자들은 공룡이 오늘날의 파충류처럼 굼뜬 변온동물이었을 거라고 여겼고, 공룡을 환경에 적응하지 못해 멸종한 '진화의 실패작'으로 여겼다. 연구해 봤자 의미 없는 분야로 취급을 받게 됐다. 학계 내에선 오히려 인류의 진화, 또는 포유류의 진화를 연구하는 것이 더 중요한 주제로 떠오르게 됐다.

엎친 데 덮친 격으로 이 시기에 세계 대공황과 두 차례의 세계대전이 일어났다. 대공황으로 박물관에서는 공룡을 발굴하고 연구할 돈이 부족하게 됐고, 사람들이 전쟁터로 나가게 되면서 학계에 남은 사람이 거의 없어졌다. 1910년대부터 1950년대까지 공룡 연구는 거의 멈추게 됐고, 이때를 공룡 연구의 '암흑기'라고 부른다.

하지만 이 암흑기 때 공룡 연구가 아예 안 이뤄진 것은 아니다. 당시 학계는 인류의 직계 조상이 어느 지역에서 처음 등장했는지에 대해 관심이 많았다. 독일의 학자들은 인류의 기원을 찾기 위해 아프리카로 향했다가 얼떨결에 공룡 화석들을 찾았다. 이때 발견된 공룡으로는 스피노사우루스(*Spinosaurus*)와 카르카로돈토사우루스(*Carcharodontosaurus*)가 있다. 오늘날 이 두 공룡은 티라노사우루스보다도 더 큰 육식 공룡이었음이 밝혀졌다. 아쉽게도 이때 독일 학자들이 찾은 공룡들은 2차 세계대전 때 박물관이 폭격을 맞는 바람에 파괴됐다.

미국 자연사 박물관 팀은 인류의 기원을 찾기 위해 아시아로 향했다. 미국 팀도 결국은 인류 화석은 찾지 못했다. 대신에 고비 사막에서 많은 양의 공룡 화석들을 찾았다. 영화 '쥬라기 공원' 시리즈에 등장하는 육식 공룡 벨로키랍토르(*Velociraptor*)가 이때 발견됐다. 학계에서 처음으로 보고된 공룡 둥지 화석 또한 아시아 탐사 중에 발견된 거다.

◆ 공룡 르네상스

1964년 미국 예일대의 존 오스트롬(John Ostrom) 교수 연구팀은 몬태나주에서 새로운 육식 공룡을 발견했다. 이전에 미국에서 발견됐던 알로사우루스나 티라노사우루스와는 달리 이 공룡은 몸 크기가 늑대만 한 작은 동물이었다. 이 새로운 육식 공룡의 두 번째 뒷발가락에는 8cm나 되는 큰 갈고리 모양의 발톱이 있었다. 오스트롬은 이 갈고리 모양 발톱을 보고는 이 공

룡에게 '끔찍한 발톱'이란 뜻의 고대 그리스어 데이노니쿠스(*Deinonychus*)라는 이름을 붙여줬다.

데이노니쿠스는 벨로키랍토르와 가까운 친척 관계였던 공룡이었다. 몸통은 날씬했으며 다리는 길었다. 데이노니쿠스의 골격은 땅 위를 잘 달리는 오늘날의 육상 조류인 타조나 에뮤와 가장 비슷했다. 잘 달릴 수 있는 몸 구조를 가졌다는 건 이 공룡이 평소에 많이 움직였던 활동적인 동물이었음을 뜻했다. 이를 토대로 오스트롬은 데이노니쿠스가 재빠른 사냥꾼이었을 거라고 결론지었다. 공룡이 굼뜬 동물이었다는 기존의 생각을 180도 바꾸게 된 계기가 됐다.

오스트롬의 학부생 제자였던 로버트 바커(Robert Bakker)는 자신의 스승보다 한 발 더 나갔다. 그는 데이노니쿠스와 같은 육식 공룡의 골격 구조가 시조새(*Archeopteryx*)와 조류의 것과 유사하다는 걸 알아냈다. 1974년 바커는 이를 통해 조류가 육식 공룡에서 기원했을 거라는 과감한 주장을 하게 됐다. 즉 공룡은 멸종한 게 아니라 오늘날 조류로 살아남아 있다는 뜻이었다.

그다음 해인 1975년에 바커는 더 파격적인 주장을 했다. 오늘날의 포유류와 조류처럼 과거에 살았던 공룡 또한 항온동물이었다는 내용이다. 그

는 공룡의 뼛속에 혈관 구조인 하버스관(haversian canal)이 발달했음을 알아냈다. 하버스관은 빠르게 성장하는 항온동물에서 관찰되는 특징이다. 빠른 성장은 곧 먹이 활동을 많이 했음을 의미한다. 변온동물은 몸을 작동시키는 데 필요한 대부분의 에너지를 햇볕에서 받기 때문에 먹이 활동을 자주 할 필요가 없다.

뒤이어 공룡이 사회성이 있는 동물이었음을 보여주는 화석 증거들이 발견됐다. 1978년 몬태나주에서는 초식 공룡의 집단 산란지가 발견됐다. 공룡들이 주기적으로 모여서 안전하게 둥지를 만들고 새끼를 키웠던 곳이었다. 둥지 속에서 발견된 새끼 공룡들은 다리가 연약해 걷지는 못했던 모양이었다. 하지만 이들의 이빨은 닳아 있었다.

발견된 화석들을 토대로 당시 몬태나대학의 연구원이었던 존 호너(John Horner)는 새끼 공룡들이 둥지 속에서 지내며 부모가 가져다주는 먹이를 받아먹었을 것으로 해석했다. 공룡이 새끼를 돌보았다는 최초의 증거였으며, 이는 새끼를 적극적으로 돌보는 오늘날의 항온동물과 비슷한 습성이었다. 1979년 호너는 이 공룡에게 '좋은 어미 도마뱀'이란 뜻의 그리스어 마이아사우라(*Maiasaura*)라는 이름을 붙여줬다.

오스트롬과 바커, 그리고 호너의 연구 결과는 그동안의 공룡에 대한 인식을 뒤엎어버렸다. 공룡은 더 이상 변하는 환경에 적응하지 못하는 굼뜬 '진화의 실패작'이 아니었다. 공룡은 활동적이었고 사회성을 보였으며, 새끼도 돌볼 줄 아는 성공적인 동물들이었다. 이러한 인식 변화 덕분에 학계 내에서는 다시 공룡이 중요한 연구 주제로 취급받게 됐다. 데이노니쿠스의 발견을 시작으로 공룡연구가 다시 활기를 찾게 된 시기를 '공룡 르네상스(dinosaur renaissance)'라고 한다.

공룡 르네상스의 영향을 받아 나오게 된 게 바로 소설 『쥬라기 공원(1990)』이다. 이 소설은 영화로 만들어져 1993년에 개봉됐고, 공룡에 대한 새로운 인식을 대중에게 보여주는 데 중요한 역할을 했다. 영화 '쥬라기 공원'의 감독 스티븐 스필버그(Steven Spielberg)는 영화 수익의 일부분으로 공룡 연구 발전을 위한 비영리 단체인 '쥬라기 파운데이션(Jurassic Foundation)'을 만들었다. 쥬라기 파운데이션에서는 지금도 수많은 공룡 학자들에게 연구비를 지원해주고 있다.

✦ 공룡 아마겟돈

중생대 지층과 신생대 지층 사이에 있는 이리듐층.
ⓒ Zimbres/wikipedia

공룡이 성공적인 동물들이었다면 왜 사라진 걸까? 20세기 초부터 공룡이 사라진 이유에 대해 학자들이 다양한 가설을 세웠다. 재빠르고 영리한 포유류가 공룡의 알을 전부 먹어 치우는 바람에 멸종했다는 가설도 있었고, 꽃 피는 식물이 등장하면서 꽃가루 알레르기에 의해 멸종했다는 가설도 있었다. 학계에 등장한 공룡 멸종 가설은 무려 100가지나 된다. 하지만 대부분은 근거 없는 이야기에 지나지 않았다.

공룡 멸종에 대한 첫 번째 단서가 발

견된 건 1980년이었다. 이탈리아 중부에 있는 도시 구비오(Gubbio)에서 지질 조사를 하고 있던 지질학자 월터 알바레즈(Walter Alvarez)는 중생대 지층과 포유류의 시대인 신생대 때 만들어진 지층 사이에서 얇고 하얀 진흙층을 발견했다. 이 진흙층 안에는 이리듐(iridium)이라는 원소가 다량 들어 있었다. 이리듐은 지상에서 거의 찾아볼 수 없으며, 주로 소행성에서 발견되는 희귀한 원소다.

알바레즈는 자신의 아버지인 물리학자 루이스 알바레즈(Luis Alvarez)와 함께 이것을 연구했고, 중생대 지층과 신생대 지층 사이의 이리듐층을 소행성의 잔해물로 해석했다. 중생대가 끝날 무렵에 커다란 소행성이 지구와 충돌했고, 이때의 충돌로 인해 지구 환경이 급변하면서 공룡이 멸종했을 것으로 추정했다. 이리듐 진흙층은 북아메리카와 유럽, 그리고 남아메리카에서만 발견된다. 그래서 알바레즈 부자는 소행성이 충돌한 지점이 이 일대와 가까운 지역이었을 거라고 보았다.

운석 충돌설이 세상에 나오고 얼마 지나지 않아 소행성이 충돌했던 지점이 발견됐다. 멕시코의 석유회사 페멕스(Pemex)가 석유를 찾던 중 멕시코의 유카탄(Yucatan)반도에서 지름이 200km, 깊이가 1km나 되는 운석공(crater, 운석 구덩이)을 찾았다. 운석공 주변으로는 소행성 충돌로 인해 지구 표면의 암석이 녹았다가 빠르게 식어 만들어진 텍타이트(tektite)라는 암석들이 발견됐다. 연대 측정한 결과 텍타이트가 만들어진 시기는 약 6600만 년 전이었다. 중생대가 끝나는 시기와 맞아떨어졌다.

이젠 공룡 시대가 소행성 충돌로 인해 끝났다는 게 정설이다. 운석공의 크기를 통해 추정한 소행성은 지름이 약 10km로, 에베레스트산만 한 크기였다. 공룡 시대를 끝낸 소행성을 칙술루브 소행성(Chicxulub asteroid)이라고 부르는데, 운석공이 발견된 지역 근처 마을에서 따온 이름이다. 칙술루브 소행성이 지구와 충돌했을 때 발생한 에너지는 히로시마 원폭 10억 개와 맞먹었다. 충돌지점의 온도는 태양의 표면만큼이나 높아졌다. 이 엄청난 에너지로 인해 소행성은 증발했고, 이때 발생한 대량의 먼지가 대기로 올라가는 바람에 햇빛이 20년 동안 가려졌다.

가려진 햇빛으로 인해 식물이 광합성을 하지 못해 죽었고, 그 뒤를 이어 초식 공룡과 육식 공룡도 차례로 죽었다. 이때 자취를 감춘 건 공룡뿐만이 아니다. 생태계가 붕괴되는 바람에 다양한 생물들이 피해를 봤다. 하늘을 나는 파충류인 익룡(Pterosauria)과 다양한 해양 파충류뿐만 아니라 일부 거북과 악어, 원시 포유류 등 당시 생물의 75%가 이때 멸종했다. 지구 역사상 가장 짧은 기간에 일어난 대량멸종 사건이었다.

✦ 공룡의 깃털과 색깔

1988년 미국의 공룡 전문 화가이자 독립 연구자였던 그레고리 폴

(Gregory Paul)은 조류가 작은 육식 공룡으로부터 진화했다면, 분명 육식 공룡 중에서도 깃털이 있는 종류들이 있었을 것으로 추정했다. 그의 생각은 옳았다. 깃털 흔적이 보존된 첫 공룡 화석이 1996년에 보고됐다. 중국 요령성(辽宁省)에서 발견된, 작은 고양이만 한 공룡 시노사우롭테릭스(*Sinosauropteryx*)였다. 이 공룡의 정수리부터 목과 등, 그리고 꼬리에서 솜털 같은 깃털들이 솟아 있었다. 오늘날의 병아리처럼 솜털 같은 깃털은 몸을 따뜻하게 해주는 보온용이었을 것으로 추정됐다.

그 후에도 요령성에서는 다양한 깃털 공룡의 화석들이 발견됐다. 1998년에 보고된 카우딥테릭스(*Caudipteryx*)는 과시용으로 보이는 깃털 장식이 앞다리와 꼬리에서 확인됐다. 그리고 2000년에는 기다란 비행용 깃털이 있는 미크로랍토르(*Microraptor*)가 보고됐다. 요령성의 공룡들은 조류의 공룡 기원설을 강하게 뒷받침해 줬다. 오늘날 학계에서는 이것을 정설로 받아들이고 있다.

원시 깃털은 다양한 공룡에서 확인됐다. 그리고 공룡의 가까운 친척인

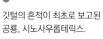
깃털의 흔적이 최초로 보고된 공룡, 시노사우롭테릭스.
ⓒ Dinosaurs!/wikipedia

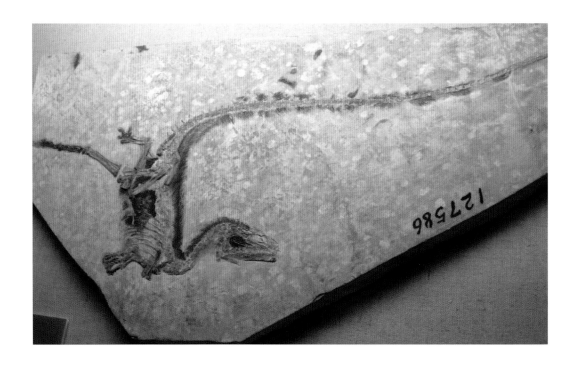

익룡에서도 발견됐다. 2022년 벨기에 왕립 자연사 박물관의 연구팀은 아주 놀라운 연구 결과를 보고했다. 익룡과 공룡 깃털의 세부적인 구조가 서로 매우 비슷하다는 점이었다. 두 동물은 모두 억센 털처럼 생긴 원시 깃털, 그리고 깃대를 중심으로 얇은 가지들이 갈라져 있는 복잡한 깃털을 갖고 있었다. 지금까지 동물 중에는 익룡과 공룡만 깃털이 확인됐다.

연구팀은 더 나아가 익룡과 공룡의 깃털 화석을 주사전자현미경(scanning electron microscope)으로 촬영했다. 줄임말로 SEM이라고 부르는 이 기기는 성능이 아주 뛰어난 현미경으로, 모기 더듬이에 난 털도 촬영이 가능할 정도다. 아무튼 SEM을 이용해 연구팀은 익룡과 공룡의 깃털 화석에서 똑같이 생긴 멜라노솜(melanosome)을 찾았다. 멜라노솜은 색소를 만드는 세포 속 작은 기관이다.

익룡과 공룡의 깃털은 겉모습뿐만 아니라 미세구조도 똑같았다. 그래서 연구팀은 이 두 동물의 깃털이 같은 조상 동물로부터 물려받았을 것으로 결론지었다. 벨기에 연구팀의 주장이 맞는다면 깃털은 적어도 2억 4700만 년 전, 그러니까 익룡과 공룡의 조상 동물이 등장했던 시기부터 있었을 것이다. 조류는 약 7200만 년 전에 처음 등장했다. 깃털이 조류보다도 훨씬 오래됐다는 얘기다.

SEM으로 촬영한 멜라노솜으로 학자들은 요즘 공룡의 색깔도 복원할 수 있다. 멜라노솜은 오늘날 살아 있는 동물도 갖고 있다. 멜라노솜의 모양을 관찰하면 피부나 깃털이 어떤 색이었는지를 추정할 수 있다. 소시지처럼 길쭉한 멜라노솜은 검은색에서 회색 계열의 색을 만든다. 단팥빵처럼 둥근 모양의 멜라노솜은 적갈색에서 황색 계열의 색을 만든다. 각각의 멜라노솜 밀도를 관찰하면 공룡의 피부와 깃털 색을 복원할 수 있다. 이런 멜라노솜의 흔적을 '물감' 화석이라고 부르는 학자들도 있다. 공룡 세계의 색을 가져올 수 있게 된 것이다.

2010년 베이징 자연사 박물관 연구팀은 1억 6500만 년 전 중국 일대에 살았던 공룡 안키오르니스(*Anchiornis*)의 색을 복원했다. 비둘기만 했던 이 공룡은 앞다리와 뒷다리 깃털에 검은색과 흰색 줄무늬가 있었다. 머리에는

밝고 붉은 깃털들이 솟아 있었다. 다른 안키오르니스들에 과시하기 좋은 장식이었다.

안키오르니스보다 한술 더 뜬 공룡도 있었다. 바로 카이홍(Caihong)이다. 카이홍은 안키오르니스와 같은 시기, 같은 장소에서 살았던 공룡이다. 몸 크기도 안키오르니스와 비슷했다. 카이홍의 멜라노솜은 길쭉하지도 둥글지도 않았다. 이 공룡의 멜라노솜은 납작한 접시 모양이었다. 납작한 접시 모양의 멜라노솜은 특이하게도 빛을 반사해 여러 방향으로 흩어지게 만든다. 마치 물 위에 떠 있는 기름처럼 무지갯빛을 만든다. 카이홍은 보는 각도에 따라 색이 변하는 무지갯빛 공룡이었다. 공룡의 왕국에서 가장 아름다운 존재였다.

✦ 요즘 공룡 연구

요즘은 다양한 공룡 연구가 진행되고 있다. 그중의 하나가 공룡의 수명에 대한 연구다. 한때 학자들은 공룡이 몸집이 큰 파충류라서 오늘날의 거북이처럼 수명이 백 살도 거뜬히 넘길 수 있을 줄 알았다. 하지만 얇게 썬 공룡 뼈에 남아 있는 나이테를 세어봤더니 대부분의 공룡이 스무 살을 못 넘긴 것으로 밝혀졌다.

공룡의 수명이 짧았다는 건, 반대로 새끼 공룡의 성장 속도가 매우 빨랐다는 걸 의미했다. 각 공룡의 연령대에 따른 몸 크기를 조사해 본 결과, 거대한 목 긴 공룡은 하루에 최대 15kg씩 몸무게가 늘어났음이 밝혀졌다. 빠른 성장 속도는 공룡들이 많은 양의 영양분을 필요로 했음을 의미한다. 많은 영양분의 섭취와 빠른 성장 속도는 항온동물에서 볼 수 있는 특징이다.

공룡은 특이하게도 성장하면서 모습이 바뀐다는 것도 밝혀졌다. 대표적인 게 머리에 뿔이 세 개나 솟아 있는 공룡 트리케라톱스(*Triceratops*)다. 트리케라톱스는 자라면서 머리 모양이 많이 변했다. 어린 개체는 눈 위에 솟아 있는 한 쌍의 뿔이 위를 향해 휘어져 있었다. 그리고 뒤통수에 뻗어 있는 볏의 가장자리에는 삼각형의 돌기들이 돋아나 있었다. 반면에 성체는 눈 위의 뿔이 앞으로 뻗어 있었다. 그리고 볏의 돌기들은 납작했다.

트리케라톱스의 머리가 성장하면서 변했던 이유는 아마도 서로 다른 개체의 나이를 확인하기 위해서인 것으로 보인다. 연령대에 따라 머리 모양이 다르면 트리케라톱스는 한눈에 누가 어리고, 또 누가 더 나이가 많은지를 쉽게 알아차릴 수가 있다. 성체들은 누가 경쟁자인지를 쉽게 알아차릴 수가 있다. 오늘날의 공룡인 조류도 머리에 솟아 있는 볏의 모양을 보고 상대의 나이를 판단한다. 옛날에 살았던 공룡이라고 크게 다르진 않았을 것이다.

이제는 공룡의 뇌를 연구하는 학자들도 있다. 뇌는 연조직이라 화석으로 보존될 가능성이 매우 작다. 하지만 간접적으로 뇌를 연구할 수 있는 방법이 있다. 공룡의 머리뼈에는 뇌를 둘러싸는 뼈가 있다. 이 뼈를 뇌함(braincase)이라고 한다. 뇌함은 뇌를 감싸고 있던 뼈다 보니 이 뼈의 안쪽 공간은 뇌의 모양과 거의 비슷하다. 그래서 과학자들은 이 뇌함을 CT(Computed Tomography) 촬영해 공룡의 뇌 모양을 복원할 수 있다.

공룡의 뇌 모양을 통해 학자들은 공룡의 감각을 추정할 수 있다. 뇌의 앞부분은 냄새를 맡는 기능을 담당하는 후각망울(olfactory bulb)이 있다. 후각망울이 크고 길쭉할수록 냄새를 잘 맡는다는 것을 뜻한다. 브라키오사우루스(*Brachiosaurus*) 같은 초식 공룡은 이 부분이 호두만 한 반면에, 육식 공룡인 티라노사우루스는 후각망울이 바나나만 하다. 이러한 정보를 토대로 학자들은 티라노사우루스 같은 육식 공룡이 브라키오사우루스 같은 초식 공룡보다 후각이 뛰어났다는 사실을 알 수 있었다. 참고로 사람의 후각망울은 겨우 땅콩만 하다.

공룡은 사람을 포함한 포유류의 진화에도 큰 영향을 미쳤던 것으로

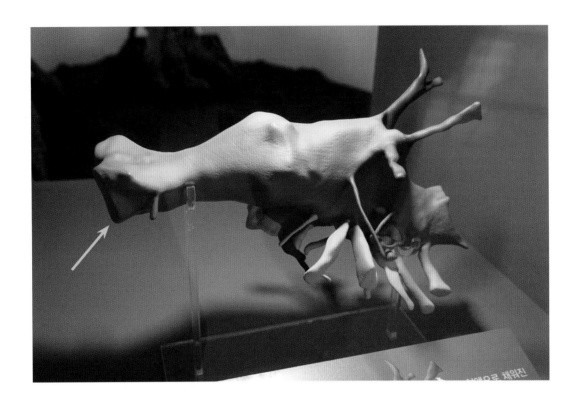

티라노사우루스의 뇌 복원
모형. 화살표로 표시된 부위가
후각망울이다.
ⓒ 박진영

보인다. 2024년 1월 영국 버밍엄대학의 주앙 페드루 드 마갈량이스(Joao
Pedro de Magalhaes) 교수는 흥미로운 가설을 발표했다. 중생대의 포유류는 공
룡을 피해 몸집이 작은 야행성 동물로 살아야 했고, 생존하기 위해 새끼를
많이 낳고 수명이 짧아지는 방향으로 진화했다. 당시 오래 살 필요가 없었던
포유류는 노화를 늦추는 유전자가 손실된 것으로 보인다. 공룡 시대가 끝나
고 포유류는 다시 몸집이 커지고 수명이 늘어났다. 하지만 노화를 늦추는 유
전자가 손실되는 바람에 포유류는 다른 동물에 비해 유독 노화가 빨리 찾아
온다. 우리의 빠른 노화 속도가 결국 공룡 때문이라는 게 드 마갈량이스의
주장이다.

공룡은 또한 우리에게 우주로부터 오는 위협에 대해 처음 알게 해 줬
다. 공룡을 연구하기 이전에는 소행성 충돌로 인해 대멸종 사건이 일어난
다는 걸 아무도 몰랐다. 근데 공룡 왕국의 멸망이 소행성과 관련이 있다는
게 밝혀지면서, 미국 항공우주국(NASA)에서는 지구 근처로 오는 소행성들

을 감시하기 시작했다. 2021년 인류 최초의 지구 방위 실험인 DART(Double Asteroid Redirection Test) 프로젝트를 시작하게 됐다. 탐사선을 발사해 다가오는 소행성의 궤도를 바꾸는 실험이다. DART 프로젝트는 2022년 9월에 성공했다. 공룡을 알았기에 시작할 수 있었던 일이다.

2024년으로 공룡 연구는 200주년을 맞이했지만, 아직 끝나지 않았다. 공룡은 우리에게 앞으로 또 뭘 알려줄까. 6600만 년 전에 끝난 이들의 세계는 지금도 진화하고 있다.

올림픽 속 과학

김청한

인하대학교 컴퓨터공학과를 졸업하고, 《파퓰러 사이언스》 한국판 기자와 동아사이언스 콘텐츠사업팀 기자를 거쳤다. 음악, 영화, 사람, 음주, 운동처럼 세상을 즐겁게 해 주는 모든 것과 과학 사이의 흥미로운 연관성에 주목하고 있으며, 최신 기술이 어떤 식으로 사람들의 삶을 변화시키는지에 대해 관심이 많다. 지은 책으로는 『과학이슈 11 시리즈(공저)』가 있다.

육체 극한 겨루는 올림픽, 과학기술로 경쟁하나?

제33회 파리올림픽이 2024년 8월 11일 성공적으로 마무리됐다. 이번 올림픽은 사상 초유의 무더위 그리고 전쟁으로 시름에 잠긴 전 세계인들에게 큰 위안을 안겼는데, 올림픽만이 줄 수 있는 다양한 묘미 덕분이다. 올림픽에는 공정함을 바탕으로 상대를 배려하는 올림픽 정신, 온갖 고난과 역경을 극복하며 앞으로 나아가는 강인한 투쟁심, 극한까지 단련된 육체가 서로 겨루는 원초적 경쟁의 즐거움이 있다. 여기에 사람들을 웃고 울리는 스토리도 많은 감동과 쾌감을 우리에게 선사한다.

과학기술 역시 올림픽에서 빼놓을 수 없는 또 하나의 재미다. 미세한 차이로 승패가 결정되는 엘리트들의 경쟁에서, 합법적으로 경기력을 향상시킬 수 있는 기술의 적용은 그 자체로 흥미롭고도 치열한 또 하나의 경쟁이다. 고가 장비를 활용해 눈에 띄는 성적 향상을 이룬 선수들이 등장하면서

파리올림픽 기간에 프랑스 파리 개선문 위로 떠 있던 열기구 모양의 성화대. 실제 불이 아니라 LED(발광다이오드) 40개가 불빛을 내는 방식이다. 화석연료를 사용하지 않아 친환경 올림픽에 걸맞은 디자인과 기술을 도입한 셈이다.

'기술도핑'이라는 이슈가 등장했을 정도다.

이 때문에 올림픽은 예로부터 전 세계의 스포츠 축제이자 과학기술의 경연장으로 꼽혔다. 선수들의 열정만큼이나 뜨거운 기술경쟁의 세계. 이번 파리올림픽을 중심으로 올림픽의 또 다른 주역인 과학기술을 살펴본다.

✦ 대한민국 양궁 국가대표, 자동차기술의 뒷받침 있었다

이번 올림픽에서 단연 빛났던 효자 종목은 양궁이다. 우리나라 대표팀은 양궁에 걸린 금메달 5개를 모조리 휩쓸었는데, 이는 100년이 넘어가는 근대올림픽 역사상 처음 있는 일이다. 각종 인맥을 배제하고 실력만을 평가하는 양궁협회의 원칙, 지도자들의 헌신, 무엇보다도 매 순간 자신을 갈고닦는 선수들의 노력이 한데 모여 이룩한 성과다. 이에 더해 현대자동차그룹이 제공하는 과학기술 훈련지원도 큰 역할을 해 왔다. 극도의 집중력을 요구하는 양궁과 자동차 제조 기술은 어떻게 결합돼 시너지 효과를 발휘했을까.

첨단 서스펜션 기능을 장착한 슈팅로봇은 평균 9.65점 이상의 명중률을 갖고 있어, 양궁 국가대표 선수들의 좋은 상대가 됐다.
ⓒ 현대자동차그룹

가장 먼저 주목받은 것은 개인 훈련용 1:1 슈팅로봇이다. 현대자동차그룹에 따르면 이 로봇은 풍향, 온도, 습도 등 외부 요소를 실시간으로 측정하고 조절해 평균 9.65점 이상의 명중률을 자랑한다. 더불어 자동차 주행감 유지에 필수인 첨단 서스펜션 기능이 장착돼 지면 상태와 상관없이 일정한 퍼포먼스를 낼 수 있다고 한다. 선수들은 이러한 강자와의 대결을 통해 경기력을 끌어올릴 수 있었고, 추가로 주변 환경과 탄착군 변화량 간 상관관계 데이터까지 확보했다.

훈련용 다중카메라는 자세를 바로잡는 데 큰 도움이 됐다. 슈팅 자세를 다각도에서 촬영하고, 이를 다양한 시간 모드로 제공해 정밀한 분석을 가

파리올림픽 양궁 경기에서
3관왕에 오른 김우진 선수.
훈련 때 슈팅로봇과 대결하면서
멘탈을 키웠다고 한다.

능케 한 것이다. 선수는 0.125배속까지 제공되는 영상을 바탕으로, 미세한 동작 차이를 감지해 훈련에 참고할 수 있다. 이 역시 주차, 차선 변경 등을 할 때 운전자를 도와주는 자동차 서라운딩 기술이 활용됐다.

심박수 측정 장치도 빼놓을 수 없다. 2020 도쿄올림픽 훈련 때부터 등장한 이 장치는 비전 컴퓨팅 기술을 바탕으로 선수 얼굴을 꼼꼼히 관찰한다. 이때 혈색이 미세하게 달라지는 것을 감지해 맥파를 검출하고, 심박수를 측정한다. 심박수는 선수의 집중 상태를 추정하는 지표로서, 이를 측정하면 선수의 상태를 좀 더 면밀하게 파악할 수 있다.

이 밖에도 현의 장력을 현장에서 측정하는 휴대용 계측 장비, 직사광선을 반사하고 복사에너지 방출은 극대화하는 경기용 모자, 3D 프린터를 활용해 미세한 흠집까지 재현한 선수 전용 그립, 불량 화살을 추리기 위해 개발된 고정밀 슈팅머신 등이 대한민국 양궁대표단의 퍼포먼스를 책임지고 있다. 더불어 진천 훈련장에선 출입 동선, 아나운서 멘트, 관중 환호성, 카메라 위치 등을 모두 현지(파리)와 동일하게 세팅해 선수들의 적응력을 높였다. 한국 양궁이 쌓아 올린 금자탑은 이러한 체계적 지원이 있었기에 가능했다.

✦ VR로 현지 경기장 구현하고 3D 모션 캡처 기술도 동원

한국스포츠정책과학원이
가상현실에서 구현한 파리
샤토루 사격장의 모습.
ⓒ 한국스포츠정책과학원

이번 올림픽 양궁과 함께 또 하나의 효자 종목을 꼽는다면 단연 사격이다. 금메달 3개로 역대 최고 성적을 거뒀는데, 여기엔 가상현실(VR)로 구현한 파리 샤토루 경기장이 큰 도움이 됐다는 평이다. 한국스포츠정책과학원 국가대표스포츠과학지원센터가 현지 경기장을 직접 탐사한 후, 360도 카메라에 담은 공간을 그대로 구현한 것이다.

국가대표스포츠과학지원센터에 따르면, 경기장 입구부터 거리별(10·25·50m) 사격장, 무기고 등을 포함한 모든 공간이 구현됐다고 한다. 심지어 선수식당과 대기실까지 로드뷰로 나타냈고 경기장 조명의 밝기, 각도 등 디테일까지 챙겼는데, 여기에 실제 시합에 나오는 소음까지 삽입돼 한층 현장감을 높였다. 또한 VR 테스트에서 불안감, 긴장감이 높게 나온 선수들은 상담이나 루틴 변경을 통해 집중력을 유지할 수 있도록 했다.

이러한 VR 훈련은 사격뿐 아니라 볼링, 농구, 탁구 등 다른 종목으로도 점차 퍼져가는 추세다. 파비오 릭란 잘츠부르크대학교 교수를 중심으로 한 국제연구팀은 VR을 도입한 스포츠 훈련 12건의 효과를 분석했다. 관련 논문에 따르면, VR 훈련은 전술 및 의사결정, 돌발상황에 대한 대응력, 압박

VR 훈련은 수영, 볼링, 농구,
탁구 등 다양한 종목으로
확대되고 있다.
© PickPik

을 견디는 심리적 능력 등 여러 면에서 그 효용성을 나타냈다. 릭란 교수 연구팀은 양궁, 볼링, 컬링, 다트, 골프, 야구, 탁구, 농구, 축구 등 다양한 분야를 다뤄 논문들을 발표했다.

VR 훈련의 대표적인 성공 사례는 수영 강국 호주의 올림픽 국가대표팀이다. 이들이 주목한 종목은 육상의 계주에 해당하는 계영으로서, 여러 주자가 차례대로 패드를 찍으며 교체 출전하는 경기다. 문제는 앞선 주자가 패드를 터치하기 전 후발 주자가 입수하면 실격을 당한다는 점이다. 이 때문에 교체 타이밍을 칼같이 맞추는 것이 기록단축과 완주를 위한 핵심이다. 이에 호주 대표팀은 각각 계영 선수가 수영을 마칠 때 사용하는 영법의 패턴을 VR로 제작했고, 후발 주자가 이를 숙지하게끔 만들어 좀 더 정확한 타이밍에 입수할 수 있도록 훈련했다. 이렇게 훈련한 결과 호주 대표팀은 계영 부문의 경우 2020 도쿄올림픽에서 총 메달 6개(금메달 2개, 동메달 4개), 2024년 파리올림픽에서 총 메달 6개(금메달 2개, 은메달 2개, 동메달 2개)를 각각 획득하며 그 효과를 증명했다. 이 밖에도 최근엔 태권도, 복싱 등 격투기에 VR을 도입하려는 시도가 많이 진행되고 있다.

한편 큰 동작이 많은 종목 선수들은 자신의 동작을 '복기하는' 것이 경기력 향상에 효과적이다. 태권도가 대표적인데, 카메라 여러 대로 발차기 동작을 찍고 이를 통해 관절 각도, 발차기 속도 등을 정량화하는 것이다.

재현성이 중요한 체조에는 3D 모션 캡처 기술이 유용하다. 2016 리우데자네이루올림픽 우리나라 국가대표팀은 이를 위해 초당 7만 장까지 촬영할 수 있는 고성능 카메라를 동원했는데, 선수조차 파악하지 못한 근육의 미세한 움직임까지 파악하기 위해서다. 비록 메달 획득엔 실패했지만, 과학적 훈련을 바탕으로 손연재 선수가 리듬체조 개인종합 4위를 차지하며 선전할 수 있었다. 이에 더해, 순간 동작에서 승패가 갈리는 유도, 펜싱 등의 종목도

3D 모션 캡처 시스템 활용을 점차 늘려가고 있다.

✦ 초저온 냉각으로 피로 회복하고, DNA 분석해 최적 루틴 분석

　선수들이 최상의 몸 상태와 심리적 안정을 유지하는 컨디셔닝에도 다양한 과학기술이 동원되고 있다. 국가대표스포츠과학지원센터는 뇌영상장비 기업 오비이랩이 개발한 진단장비를 활용하고 있는데, 근적외선 분광법(NIRS)으로 뇌 혈류 변화는 물론 헤모글로빈 농도와 같은 다양한 수치를 실시간으로 확인할 수 있다. 해당 수치 분석과 심리 상담을 병행하면 좀 더 정확하게 선수의 상태를 파악할 수 있다는 설명이다.

　뇌파와 멘탈 훈련을 연결하는 뉴로피드백 시스템도 많은 각광을 받고 있다. 선수 두뇌에서 발생하는 뇌파를 스크린으로 확인하고 반복적으로 이를 조절하는 훈련을 하면, 실제로 긍정적 심리 상태를 유지하는 능력이 늘어난다는 원리다. 안정적인 뇌파가 나오는 상황과 불안정한 뇌파가 나오는 상황을 파악한 후, 의도적으로 안정적인 상황을 떠올릴 수 있도록 시각적 자극을 주는데, 특히 양궁, 사격, 골프처럼 집중력, 멘탈이 중요한 종목에 큰 효과가 있다.

　시차 적응 역시 컨디셔닝의 중요한 요소다. 시차로 인한 피로는 집중력 저하, 수면장애 등을 일으켜 선수들에게 미치는 영향이 상당하며, 이를 극복하는 데 걸리는 시간은 생각보다 길다. 체육과학연구원 「시차 극복을 위한 과학적 프로그램」 보고서에 따르면, 6시간가량 시차가 날 경우 반응시간 44%, 순발력 13.7%, 근력 10.3% 정도가 저하된다고 한다. 보고서는 8시간 시차를 극복하고 인체 리듬을 재조정하는 데 무려 9일이 걸린다고 분석하고 있다.

　사실 시차를 극복하는 방법은 다양하다. 음식이나 수면을 조절하고, 적절한 신체활동을 통해 컨디션을 회복하는 것. 특히 효과가 좋은 것이 적절한 멜라토닌 복용인데, 이는 수면 질과 함께 다음 날 주의력을 증가시킨다.

빛을 조절해 생체리듬을 조절하는 방법도 각광받고 있다. 2016년 리우데자네이루올림픽 당시, 우리나라 국가대표팀은 12시간에 달하는 시차를 극복하기 위해 2500럭스(lux) 수준 조도를 가진 방에 드나들어야 했다. 밝은 빛을 쬐어 의도적으로 수면시간을 늦추고, 이를 통해 생체리듬을 조절한 것이다. 아예 출국 전 며칠 동안 빛을 쬐어 수면 리듬을 미리 조절하는 등 관련 방법도 다양하다.

멘탈만큼이나 중요한 것이 신체 회복이다. 육체를 극한까지 밀어붙이고 동일한 동작을 반복해야 하는 스포츠 특성상 육체의 피로를 효과적으로 푸는 것도 훈련만큼이나 경기력에 영향을 끼친다. 이에 얼마 전부터 주목받고 있는 첨단 기술 중 하나가 크라이오테라피(cryotherapy)다. 액체질소를 활용해 영하 100도 이하의 극저온 환경을 인위적으로 조성하고 약 3분간 극저온 냉찜질을 하는 것인데, 해당 과정에서 피부 온도가 10도까지 떨어지게 된다. 항상성을 가진 신체에선 떨어진 체온을 높이기 위해 혈액순환이 빨라지고, 이를 통해 근육 피로를 신속하게 회복하는

일부 운동선수는 근육의 피로를 신속히 푸는 데 크라이오테라피를 활용한다. 이는 액체질소를 이용한 극저온 냉찜질이다.

방식이다. 플로이드 메이웨더(프로복싱), 크리스티아누 호날두(프로축구), 르브론 제임스(프로농구)처럼 종목을 막론하고 세계 정상급 기량을 가진 선수들이 활용하면서 일반인에게도 널리 알려진 방법이다. 국내에서는 진천 선수촌 내 스포츠과학지원센터에 관련 기기가 설치됐다.

다만 크라이오테라피가 만능은 아니다. 심장질환, 뇌혈관질환을 지닌 사람은 갑작스런 체온저하와 이에 따른 혈액순환 과정에서 무리가 될 수 있다. 습기를 제거하지 않은 채로 사용하는 경우 동상 위험도 있는데, 실제 항저우아시안게임을 준비하던 수영 국가대표 이은지 선수가 동상으로 2주 정도 고생하기도 했다. 무엇보다 '3분으로 500칼로리 이상 감량'처럼 다이어트에

큰 도움이 된다는 과대광고는 거르는 것이
좋다. 저온 상태로 인해 기초대사량이 늘어
잠시 칼로리 소모량이 늘어날 수는 있어도,
유의미한 수준의 감량은 기대할 수 없기 때
문이다.

　선수들의 젖산 수치를 분석하고, 이를
바탕으로 최적의 회복 프로그램을 짜는 것
도 좋은 선택이다. 근육 운동 후 발생하는 젖
산은 몸에 피로를 느끼게 하는 물질로서, 이
를 빨리 제거하는 것이 회복의 관건으로 꼽
힌다. 조깅, 스트레칭, 체온 낮추기처럼 운동
후 루틴에는 여러 가지가 있는데, 이 중 어떤
방법이 효율적인지 젖산 수치 분석을 통해

알아보는 것이다. 특히 선수마다 회복에 편차가 존재하는 만큼, 젖산 분석을
통해 어느 수준까지 훈련을 진행하고 회복해야 하는지 파악한 뒤 맞춤형 루
틴을 제공하는 것이 중요하다.

　아예 유전자 단위부터 근육 구성을 파악해 최고의 퍼포먼스를 펼친 사
례도 있다. 2018 평창동계올림픽에서 금메달을 차지해 많은 인기를 모았던
스켈레톤 윤성빈 선수의 경우다. 한국스포츠개발원 연구팀은 윤성빈 선수
의 'ACTN3' 유전자를 채취해 분석했는데, 이는 속근, 지근의 비율과 밀접
한 연관이 있다. 속근은 수축 속도가 빨라 순발력을 발휘하는 데 유용하고,
지근은 수축 속도가 느린 대신 지구력을 발휘하는 데 큰 도움이 된다.

　연구팀은 스켈레톤 선수들의 단일염기다형성(SNP) 유형에 따라 속근
형, 지근형, 중간형으로 분류하고, 이에 따른 최적의 훈련프로그램을 제시했
다. 예를 들어 속근형은 고강도 웨이트 중심으로, 지근형은 저강도 고반복
중심으로 루틴을 짜는 식이다. 윤성빈 선수는 중간형으로 나타나 두 근육 모
두 발달시킬 수 있는 체질임이 밝혀졌다. 두 유형의 근육을 쉽게 성장시킬
수 있는 타고난 '근수저'임이 과학적으로 증명됐다고 하겠다.

⚡ 1년 동안 세계신기록 108번 경신… 불거진 기술도핑 논란

지금까지 훈련의 질을 높이고, 선수들의 컨디셔닝을 도와 최상의 경기력을 유지시키는 과학기술에 대해 알아봤다. 그런데 이 외에도 기록 향상에 결정적인 영향을 미치는 과학기술이 있다. 최근 들어 더욱 논란이 되고 있는 이른바 '기술도핑' 이슈다.

도핑이란 금지된 약물을 통해 부정하게 경기력을 올리는 불법행위를 말한다. 당장의 승리와 기록경신에 목을 맨 선수 중 일부는 약물의 유혹에 빠지기 쉽다. 좀 더 수월하게 근육을 만들 수 있고, 집중력을 올려주며, 회복력까지 제공하는 약물을 복용한 선수와 그렇지 않은 선수 간 경쟁은 당연히 공정할 수 없다. 기술도핑 역시 도핑과 비슷한 공정성 논란을 낳고 있다. 좀 더 좋은 장비나 의류를 가진 선수가, 그렇지 않은 선수보다 유리한 조건에서 경기를 치른다는 비판이다.

가장 유명한 사례는 2008년 스피도가 공개한 전신 수영복 '레이저

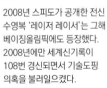

2008년 스피도가 공개한 전신 수영복 '레이저 레이서'는 그해 베이징올림픽에도 등장했다. 2008년에만 세계신기록이 108번 경신되면서 기술도핑 의혹을 불러일으켰다.
ⓒ Jmex60/wikipedia

레이서'다. 스피도는 최적의 원단(폴리우레탄)을 찾기 위해 미항공우주국
(NASA)과 힘을 합쳐 풍동시험(윈드터널 테스트)만 60여 차례 진행했다. 또한
가슴에는 몸을 유선형으로 만들기 위한 압박 패널을, 복부에는 자세를 유지
토록 하는 코어 안정판을 각각 장착해 수영을 위한 최적의 자세를 제공했다.
더불어 스피도는 수영복 원단 전체를 바느질 없이 구현했는데, 덕분에 항력
은 최소한으로 줄이면서 부력은 높인 괴물 '레이저 레이서'가 탄생했다. 스
피도 자체 연구에 따르면, 이전 세대 수영복에 비해 항력은 24% 감소하고,
헤엄의 효율성은 5% 증가한 것으로 나타났다.

　　이렇게 개발된 레이저 레이서는 그야말로 큰 충격을 세상에 안겼다.
먼저 외관상 많은 이들을 놀라게 했는데, 발목 위부터 목 아래까지 착용한
모습은 기존 수영복 이미지와는 사뭇 달랐다. 더 놀라운 것은 성능이다. 레
이저 레이서를 입은 선수들은 가볍게 자신의 한계를 뛰어넘었는데, 2008년
에만 세계신기록이 총 108번 경신될 정도였다. 이후 스피도의 경쟁사인 아

역대 최고 마라토너로 꼽히는
킵초게는 베이퍼플라이를 신고
마의 2시간 벽을 극복했다.
ⓒ 나이키

레나마저 전신 수영복을 내놓으면서 이듬해인 2009년 로마수영선수권대회에선 세계신기록 43개가 나왔다. 기록 인플레가 너무 심해지자 2010년 국제수영연맹은 칼을 빼 들었다. 전신 폴리우레탄 100% 수영복에 대한 금지조치를 취한 것이다. 이로써 전신 폴리우레탄 수영복은 2년간 세계신기록 150여 번 경신이란 전설을 남긴 채, 세계대회에서 퇴출되고 말았다.

육상 역시 기술도핑에서 자유롭지 않은 종목으로 꼽힌다. 대표적 사례가 케냐의 엘리우드 킵초게가 신었던 나이키 '베이퍼플라이'다. 역대 최고 마라토너로 꼽히는 킵초게는 2019년 오스트리아 빈에서 열린 '이네오스(INEOS) 1:59 챌린지'를 통해 마의 2시간 벽(1시간 59분 40.2초)을 깬 것으로 유명하다. 다만 해당 기록은 세계육상연맹이 인정하지 않은 비공식 마라톤 대회였고, 총 41명의 페이스메이커를 동원하는 식으로 규정을 따르지 않아 공식인증을 받지는 못했다. 베이퍼플라이의 가장 큰 특징은 중창에 고탄성 폴리우레탄 소재를 사용하고, 중창 가운데에 탄소 섬유판을 세 장 삽입해 탄성으로 인한 추진력을 극대화한 것이다. 이를 통해 베이퍼플라이는 1~1.5% 수준의 경사 내리막을 뛰는 것과 같은 효과를 준다. 결국 기술도핑 논란을 의식한 세계육상연맹은 2020년 밑창 두께 40mm 이하, 탄소 섬유판 한 장만 허용 등을 포함한 새 규정을 도입해 신발 기능을 제한하는 조치를 취했다.

최근엔 골프 쪽에서 기술도핑 이슈가 뜨겁다. 화두는 공과 드라이버의 반발력이 올라가며 너무 많은 골프인이 비거리에만 집착하고 있다는 것이다. 이에 전설 잭 니클라우스를 포함한 많은 사람이 골프의 본질을 훼손하고 있다며 강력히 반발하고 있다. 일단 영국왕립골프협회, 미국골프협회는 2023년 비거리 향상과 밀접한 클럽 길이를 제한하며, 전설의 손을 들어준 상태다. 드라이버 반발계수 역시 0.83 이하로 규정됐기에, 골퍼들은 최고의 비거리를 어느 정도 제한당한 상태로 대회에 나가고 있는 셈이다. 다만 언제까지 이러한 규제가 이어질지는 아무도 모르는 일이다.

어쨌거나 기술은 지속적으로 발전하고 있고, 선수들의 기록도 그에 따라 좋아지고 있다. 지금껏 논란이 된 몇몇 장비, 의류가 아니더라도, 사실상 모든 장비, 의류가 기록경신을 위한 최신 기술력으로 무장했기 때문이다. 그간의 기술 진보를 외면하고 특정 시점(혹은 성능)의 장비, 의류만 고집하는 것도 시대의 흐름을 거스르는 일이다. 물론 선수의 실력보다 기술력이 더 중요해진다면, 그 또한 스포츠의 본질을 훼손하는 것이라 할 수 있다.

이 때문에 어느 수준까지를 기술도핑이라고 봐야 하는지, 기술에 의한 경기력 향상을 막는 것 자체가 정말 공정한 일인지에 대한 갑론을박이 활발하다. 인공지능(AI)이 본격적으로 실생활에 적용되며 많은 논의가 진행되는 것처럼, 영향력 있는 기술의 도입은 필연적으로 광범위한 논의를 낳게 된다. 올림픽 역시 예외가 아닌 셈이다.

◆ AI가 본격적으로 등장한 파리올림픽

2024 파리올림픽에선 카메라에 AI를 도입해 더욱 생동감 있는 계측이 이뤄졌다. 이는 올림픽 공식 타임키퍼인 오메가가 개발한 컴퓨터 비전 기술 덕분인데, AI 카메라로 선수 모습을 실시간으로 추적한 후, 3차원으로 재현한 것이다.

AI로 선수 움직임을 3차원에 재현한 컴퓨터 비전은 점프 높이, 팔의 각도 등 다양한 정보를 시각화할 수 있다.
ⓒ 오메가

지금껏 선수 추적 시스템이 없었던 것은 아니다. 다만 이전엔 선수 신체 혹은 유니폼에 직접 전자태그를 부착하고, 이를 레이저 센서로 인식해야만 하는 어려움이 있었다. 자칫 경기력에 문제가 생길 우려가 있었던 셈이다. 그러나 컴퓨터 비전은 광학 센서로 이를 대체해 해결책을 제시했다.

또한 컴퓨터 비전은 단순 시간 측정을 넘어, 올림픽에서 누리는 새로운 즐거움도 제공한다. 점프 높이와 공의 궤적, 팔의 각도, 체공 시간 등 경기 관련 데이터를 기록하는 것이다. 해당 정보는 시각화돼 시청자들에게 제공됨으로써, 마치 게임처럼 선수 퍼포먼스를 좀 더 자세하고 풍성하게 즐길 수 있게 해준다.

한편 이번 파리올림픽 체조 종목에선 AI 심판이 등장해 화제를 모으기도 했다. 그 대상은 후지쯔가 개발한 심판 지원 시스템이다. 경기장 모서리에 설치된 초고속 카메라가 선수 동작을 촬영하면 이를 AI로 합성하고 3D로 변환해 정확한 판정을 도왔다. 아주 작은 동작 차이로 점수가 갈리는 종목 특성상, 큰 도움이 됐다는 평이다.

✦ 경기장 밖에서도 AI가 대세… 테러 감지부터 모니터링까지

경기장 밖에서도 AI 활용은 이어졌다. 프랑스 정부가 특히 예의주시한 분야는 선수 보호였다. AI를 통해 악의적 SNS 게시물을 걸러낸 것이다. 이와 함께 프랑스 정부는 시내에 카메라 수천 대를 설치해 대규모 감시체계를 구축하기도 했다. 최근 늘어나고 있는 테러 및 치안 위협에 대응하기 위해서인데, 무기 사용이나 불길, 군중 움직임 등 위험요소를 자동적으로 감지해 보안 담당자에게 전달하는 시스템이다. 덕분에 파리올림픽은 큰 사고 없이 진행됐지만, 사생활 침해라는 지적도 나와 향후 활용에 귀추가 주목된다.

유쾌한 소식도 전해졌다. 최초의 AI 캐스터가 등장한 것인데, 미국 NBC 방송이 전설적인 스포츠 앵커 알 마이클스의 복제 음성을 활용했다. 덕분에 그의 젊은 시절 목소리를 기억하는 많은 이들은 추억에 빠져들 수 있었다.

선수들을 지원하기 위한 AI도 주목을 받았다. 이번 파리올림픽에는 200개가 넘는 다양한 나라에서 약 1만 500명이 참가했다. 이렇게 다양한 언어와 문화를 갖고 있는 선수들이, 서로 불편 없이 경기장을 탐색하고 규칙, 지침을 준수할 수 있도록 안내하는 일도 쉽지 않았다. 인텔은 프랑스 스타트업 미스트랄AI와 함께 '애슬리트365(Athlete365)'란 AI 챗봇을 개발해 도핑 규정에서부터 길 안내, 선수단 가족 인증 등 다양한 정보를 제공하며 선수들이 불편을 겪지 않도록 도왔다.

다만 AI에 대한 비판도 현재진행형이다. 구글이 내놓았던 생성형 AI 제미니 광고가 대표 사례다. 파리올림픽 중계방송에 맞춰 전파를 탄 해당 광고는 한 육상선수의 팬인 딸에게 도움을 주는 훈훈한 아버지의 이야기를 담았다. 문제는 고민 해결 방식이 단지 제미니를 통한 편지 작성이라는 것이다. 구글은 이를 통해 AI의 유용함을 전달하고자 했지만, 정작 사람들이 원한 것은 딸과 소통하며 도움을 주는 가족의 모습이었다. 결국 해당 광고는 중계방송에서 철회되기에 이르렀다.

앞서 언급한 기술도핑 이슈와 마찬가지로 새로운 변화는 새로운 반응을 낳는다. 실제 파리올림픽이 끝난 뒤, "비난 게시물을 AI가 효과적으로 걸러내지 못했다", "티켓 사기, 피싱 공격 등도 계속 이어졌다", "AI 감시 시스템이 개인 권리를 과하게 침해했다"는 지적이 나오기도 했다. 이에 국제올

새로운 변화는 새로운 논의를 낳는다. 기술도핑, AI 활용 등 여러 분야에서 기술 활용에 대한 대화가 필요한 시점이다.
© Pixabay

림픽위원회(IOC) 내 AI 담당 조직이 필요하다는 목소리도 있다. AI 적용이 단순히 기술만의 영역이 아니기에, 철학·윤리·사회·문화적 측면까지 철저히 감안해 AI를 도입해야 한다는 뜻이다. 어쨌거나 AI 시대는 이미 도래했고, 이는 거스를 수 없는 시대의 흐름이다.

✦ 2028년 LA '차 없는 올림픽' 가능할까… UAM 도입 등 새 기술 주목

기술도핑 이슈에서부터 AI 도입, 선수들의 훈련과 컨디셔닝, 정확한 계측과 중계에 이르기까지……. 올림픽이 디지털 혁명의 바람을 타고 또 한 번 새로운 영역으로 나아가고 있다. 이는 비단 경기장, 훈련장 안팎을 가리지 않는다.

2028년에 개최될 LA올림픽 및 패럴림픽의 조직위원회는 이미 다양성을 반영해 움직이는 디지털 로고를 선보이는가 하면, 개막식, 폐막식을 진행할 소파이 스타디움에 50억 달러를 들여 최신 증강현실(AR) 시스템을 구

●
2028 LA올림픽은 첨단기술의
경연장이 될 전망이다.
사진은 슈퍼널이 2028년
상용화를 목표로 개발 중인
수직이착륙장치(eVTOL)
S-A2의 모습.
© 현대자동차그룹

축했다. ARound라 불리는 해당 시스템은 3차원 공간 컴퓨팅을 통해 관객 7만 명에게 개별적인 증강현실 체험을 제공할 수 있다. 한 영화 제작자는 생성형 AI를 활용해 2028년 개최될 LA올림픽의 1000년 후인 3028년 LA올림픽의 모습을 동영상으로 제작했다.

이뿐만이 아니다. 현대자동차그룹 도심항공모빌리티(UAM) 법인 슈퍼널은 2028년 여름 출시를 목표로 수직이착륙장치(eVTOL)인 S-A2 개발에 박차를 가하고 있다. LA올림픽이 '차 없는 올림픽'이란 주제를 전면에 내세운 만큼, 슈퍼널 외에도 수많은 기업이 해당 시기를 목표로 상용화를 노리고 있다.

이제 올림픽은 단순히 스포츠 정신을 바탕으로 선수들만이 겨루는 잔치가 아니다. AI, AR, VR, UAM, 빅데이터, DNA 분석 등 수많은 첨단 기술이 경기장 안팎에 도입되며, 보이지 않는 경쟁을 펼치고 있는 것이다. 향후 올림픽에선 어떤 기술이 얼마나, 어떻게, 왜 적용되고 어떤 효과를 발휘하는지 찾아보는 것도 새로운 재미가 될 수 있을 것이다.

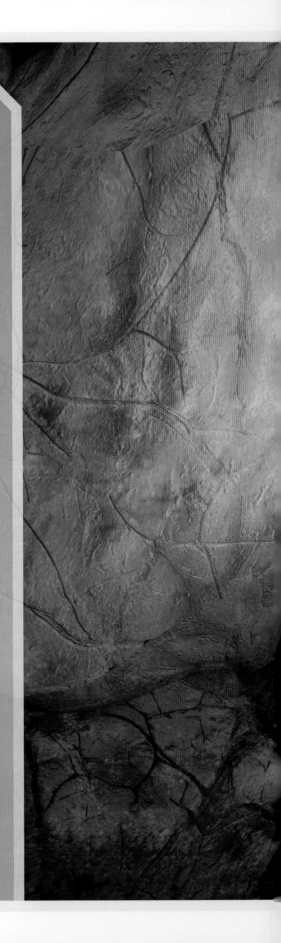

9

ISSUE 9 고인류학

네안데르탈인의
놀라운 생활사

윤신영

미디어 플랫폼 '얼룩소(alookso)' 에디터. 동아사이언스 기자로 근무
하며 《과학동아》 편집장과 《동아일보》 과학담당기자 등을 거쳤다.
'2009년 미국과학진흥협회(AAAS) 과학언론상', '2020년 대한민국과
학기자상'을 수상했다. 『사라져 가는 것들의 안부를 묻다』 『인류의 기원
(공저)』 등을 썼고, 『화석맨』 『왜 맛있을까』 『사소한 것들의 과학』 『빌
트(공역)』 등을 번역했다.

ISSUE
9
고인류학

네안데르탈인은 어떻게 살았나?

네안데르탈인이 지금까지
살아남았다면, 이런 모습일까.
사진은 독일 뒤셀도르프의
네안데르탈인박물관에 있는
모형.

처음 보는 식당에 방문했다. 평범한 꼬치구이 전문점인 줄 알았는데, 메뉴가 신경 쓰였다. 닭고기, 소고기 외에 거북이와 토끼, 코뿔소, 사슴, 소나무 열매 꼬치가 추천 메뉴로 적혀 있었다. 자리에 앉자 요리사가 반갑게 맞이했다. 키는 아주 크지 않았는데, 외모가 조금 이국적이었다. 큰 코에 다부진 어깨가 운동깨나 할 것처럼 보였다. 주문을 받자 가슴을 쭉 펴며 알겠다는 눈짓을 한 채 방을 나갔다. 두툼한 상체와 상대적으로 짧은 팔과 다리가 눈에 띄었다. 그제야 눈치챘다. 네안데르탈인이었다.

네안데르탈인이 만약 지금도 남아 있다면 어떤 일이 벌어질까 상상해 봤다. 네안데르탈인은 지금의 유럽을 중심으로 유라시아 동쪽 지역에 살았던 친척 인류다. 튼튼한 흉곽과 짧고 다부진 사지, 큰 머리, 그리고 그에 걸맞게 현생인류보다 큰 두뇌 용량이 특징이다. 처음 등장한 시점은 불분명한데, 연구에 따라 약 40만 년 전부터 80만 년 전까지 다양하다. 화석 기록으로는 현재의 스페인 시에라 데 아타푸에르카 지역에서 발견된 43만 년 전 화석이 가장 오래된 네안데르탈인 화석이다. 2016년 《네이처》에 발표된 독일 막스플랑크 진화인류학연구소의 연구 결과에 따르면, 네안데르탈인이 또 다른 친척 인류인 데니소바인과 분리된 시기는 최소 이 시기로 거슬러 올라간다. 하지만 네안데르탈인이 이보다 먼저 등장했을 가능성도 있기에, 최초 등장 시기는 여전히 확실히 확인되지 않았다. 실제로 치아 진화 정도를 바탕으로 분석한 연구에서는 80만 년 전에 현생인류(호모 사피엔스)와 분화했다는 주장도 있다.

반면 마지막으로 사라진 시점은 비교적 명확하다. 약 4만 년 전, 스페인 지브롤터에서 마지막 흔적을 남긴 것으로 추정된다.

네안데르탈인은 현생인류(호모 사피엔스)와는 가장 가까운 친척 인류다. 시기적으로나 지리적으로 현생인류와 가까웠기 때문에, 인지능력 역시 현생인류와 가장 비슷했을 것으로 추정된다. 다만 현대까지 유일하게 살아남아 문명을 발달시킨 현생인류와 달리 수만 년 전 멸종한 인류인 만큼, 인지능력이나 환경에 적응하는 능력이 현생인류보다는 다소 떨어졌을 것이라는 추측이 많았다. 사냥 능력도 현생인류보다 떨어지고, 복잡한 전략을 세우는 능력이나 표현력도 부족할 것이란 주장이다. 이 때문에 유럽을 중심으로 한 서구에서는 오래전부터 네안데르탈인을 미개하고 거칠며 호전적인 야만인 정도로 묘사한 사람이 많았다. 어리석거나 문화 수준이 낮은 사람을 가리켜 네안데르탈인이라고 부르는 일도 흔했다. 아둔하거나 거친 사람을 가리키며 "이 네안데르탈인은 누가 데려온 거야?"라고 묻는 일이 책에도 곧잘 등장했다.

최근 네안데르탈인에 대한 이런 인식이 바뀌고 있다. 고고학 유적과 고유전자를 분석해보니, 과거 생각과 다른 높은 수준의 문화와 신체적 특성이

드러났다. 네안데르탈인은 상당한 수준의 인지능력을 바탕으로 도구를 만들고 창작을 했으며 문화를 학습하고 협동했다. 상징을 이해했으며 다양한 식재료를 사냥했고 요리를 통해 섭취했다. 그리고 우리 현생인류와 공존하며 영향을 주고받았다. 일부는 자손을 낳아 유전자에 서로의 흔적을 남겼다. 그들은 지금도 살아남아 있다. 바로 우리다.

◆ 다시 쓰는 두 인류의 만남, 그리고 경쟁

네안데르탈인의 생존 시기는 현생인류가 등장한 시점과 겹친다. 현생인류는 약 30만 년 전 아프리카에서 등장했고, 지금부터 수만 년 전 유라시아로 이주했다. 이주한 현생인류는 일부는 해안선을 중심으로 동쪽인 아시아로 이동했고, 일부는 서쪽으로 이동해 유럽에 정착했다. 유럽에 간 현생인류와 네안데르탈인은 생활 환경과 시기가 겹칠 수밖에 없었다. 물론 과거 두 인류가 살던 때에는 인구가 아직 매우 적었고, 활동 반경도 지금처럼 넓지 않았으며 혹독한 빙하기도 잦았다. 이 때문에 두 이질적인 인류가 서로 만나기는 극히 어려웠을 것으로 추정된다. 일생 다른 인류의 존재를 전혀 모른 채 사는

현생인류(호모 사피엔스)는 약 30만 년 전 아프리카에서 등장해 수만 년 전 유라시아로 이주했는데, 일부가 유럽에 정착했으므로 네안데르탈인과 만날 가능성이 있었다.
ⓒ NordNordWest/wikipedia

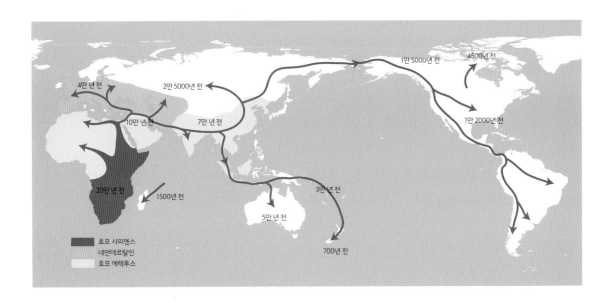

현생인류 또는 네안데르탈인이 대부분이었을 것이다.

최근 발표된 연구 역시 이런 가능성을 짐작하게 해준다. 프랑스 론 계곡의 동굴에서 발견된 5만 년 전 네안데르탈인 화석의 게놈을 덴마크 코펜하겐대 연구팀이 분석한 결과, 이들의 유전자가 비슷한 시기에 살았던 다른 네안데르탈인과 달랐고, 오히려 10만 년 전에 살던 먼 스페인 지브롤터 지역의 네안데르탈인과 비슷했다는 사실을 발견했다. 10만 년 전부터 5만 년 전까지 다른 네안데르탈인 집단과 전혀 교류하지 않은 채 고립된 생활을 했다는 뜻이다. 현생인류는커녕, 바로 근처에 열흘 걸어가면 닿을 수 있는 또 다른 네안데르탈인 집단이 있었음에도 이들과 교류가 없었다. 적어도 일부 네안데르탈인은 은둔이라고 불러도 좋을 정도로 외부와의 교류가 없었던 것으로 추정된다. 거의 멸종 직전에 다다른 특수한 상황에서 벌어진 일일 수도 있지만, 네안데르탈인에게 활발히 영역을 확장하거나 다른 집단과 교류하는 특성이 부족했을 가능성도 있다.

그럼에도 극소수는 우연히 서로 만날 수 있었다. 사람이 생존하기 좋은 기후나 지리는 비슷하다. 이런 지역이나 안전한 지역을 찾다 먼발치에서

네안데르탈인 사냥꾼. 벨기에의
한 박물관에 있는 모형이다.
© Trougnouf/wikipedia

161

만나고 서로의 존재를 의식했을 수 있다. 고고학계와 인류학계는 이렇게 만난 두 인류가 어떤 반응을 보였을지 궁금해했다. 둘 다 사냥꾼이었으니(수렵 채집인) 서로 싸웠을 거라는 추정도 있었다. 현생인류가 그동안 보여 온 잔혹한 전쟁의 역사를 떠올리면 낯선 대상을 정복하고자 싸웠을 거란 상상도 무리는 아니다. 하지만 두 인류가 서로 싸웠다는 고고학 증거는 아직 없다. 실제로는 만나서도 별일이 일어나지 않았을 가능성이 높다고 전문가들은 보고 있다. 고고학자 브라이언 페이건이 저서 『크로마뇽』에서 묘사한 것처럼, 두 인류는 낯선 이방인의 존재를 의식하고 서로 경계하거나 위협하며 멀어져 갔을 것이다. 만남이 곧바로 유혈 사태로 번지는 일은 좀처럼 일어나지 않았을 것이다. 사자와 곰이 야생에서 서로 마주쳤다고 생각해보자. 둘이 서로 보자마자 피에 굶주린 맹수처럼 달라붙어 싸울까. 한쪽이 노골적인 적의를 드러내지 않는 한, 그렇지 않다. 서로 위협 동작을 취하며 멀어져갈 뿐이다. 실익이 없는 싸움으로 피를 흘리는 일은 동물도 본능적으로 피한다. 수만 년 전 유럽에서 서로 어쩌다 마주한 현생인류와 네안데르탈인도 마찬가지였을 것이다.

직접적인 싸움은 아니지만, 혹독한 자연 속에서 한정된 자원을 두고 경쟁은 벌였고 네안데르탈인이 이 경쟁에서 열세에 몰리면서 몰락했다는 주장은 꾸준히 나오고 있다. 기초과학연구원(IBS) 기후물리연구단의 악셀 팀머만 단장이 이끄는 연구팀은 2018년, 옛 기후 데이터를 이용해 빙하기 시절 과거 유럽 지역의 환경을 시뮬레이션하고 이 안에서 현생인류와 네안데르탈인이 확산하는 과정을 추정했다. 네안데르탈인이 사라진 원인으로는 기후에 대한 대처가 부족했다는 가설과 현생인류와의 자원 경쟁에서 밀려났다는 가설, 현생인류와의 이종교배로 사실상 흡수됐다는 가설 등이 꾸준히 제기돼 있었다. 연구팀이 세밀하게 복원한 빙하기 기후 속에서 인류가 어떻게 퍼졌을지를 살핀 결과, 가장 큰 영향을 미친 것은 자원을 둘러싼 현생인류와의 경쟁과 각축전이었음을 확인했다. 기후는 더 급격한 변화에도 견뎠기에 큰 요인이 아니었고 현생인류와의 혼혈도 큰 영향은 없는 것으로 나타났다.

고립된 채 외부와 단절된 특성이 멸종에도 영향을 미쳤다는 분석도 있다. 5만 년간 고립됐던 네안데르탈인 집단을 연구한 코펜하겐대 연구팀은 "장시간 고립된 생활로 유전자 변이가 제한돼 기후변화와 감염병에 대한 적응 능력이 떨어졌고, 지식 공유도 부족해 (문화적) 진화도 일어나지 않았을 것"이라고 밝혔다. 부족해진 유전적, 문화적 다양성이 멸종에 영향을 미쳤을 가능성도 있다는 뜻이다.

◆ 우리 안의 네안데르탈인

사실 과학자들은 전쟁보다 다른 주제에 더 진지한 관심을 보였다. 바로 두 인류가 자손을 남겼는지다. 서로 다른 종이라면 자손을 남길 수 없는데, 왜 이상한 관심을 가졌는지 궁금할 수 있다. 네안데르탈인의 신체적 특징은 현생인류와 꽤 달랐지만, 그렇다고 완전히 다른 종으로 분류할 수 있을 만큼 다르지는 않았다. 현생인류 내에서도 여러 신체적 특징이 다른 인류가 존재한다. 예를 들어 호주 원주민인 애버리지니는 약 6만 5000년 전에 호주에 왔고 이후 호주 대륙 안에 고립돼 있었다. 수만 년 분리된 만큼 이들도 지구 다른 곳의 인류와 구별되는 일부 유전적, 신체적 다양성을 보여주지만, 그렇다고 현생인류와 다른 종으로 분류하지는 않는다. 네안데르탈인 역시 화석의 일부 특성이 우리와 특징이 달랐지만, 그것만으로 다른 종이라고 확신할 수 없었다. 같은 종의 지역종이나 아종일 가능성이 남아 있었다. 이를 확인할 가장 좋은 방법은 직접 유전자를 해독하는 방법이었다. 하지만 사라진 지 수만 년 돼 이미 화석이 된 뼈에서 유전자를 추출하고 해독까지 할 수 있을 거라고 생각한 사람은 거의 없었다.

특이한 생각을 하고 열정적인 사람, 궁금한 것은 직접 파헤쳐보는 사람 덕분에 과학은 진보한다. 자신들의 땅에서 발굴되는 네안데르탈인 화석을 본 유럽인 가운데 한 명이 가장 먼저 나섰다. 막스플랑크 진화인류학연구단 스반테 페보 단장이었다. 그는 1990년대부터 취미로 미라의 고유전체를 해독하기 시작했다. 그러다 좀 더 오래된 고유전체인 고인류 화석에 눈을 돌렸다. 아직, 게놈 분야를 발전시킨 차세대게놈해독기술이 등장하기 전이었기

네안데르탈인 화석을 들고 있는
막스플랑크 진화인류학연구단
스반테 페보 단장. 페보 단장은
네안데르탈인의 게놈을 분석해
인류 유전체에 네안데르탈인의
유전자가 남아 있음을 밝혀냈다.
© Frank Vinken/Max Planck Institute
for Evolutionary Anthropology

때문에 게놈에서 유전자를 추출하고 해독하는 일은 매우 느리고 비용이 많이 드는 일이었다. 살아 있는 생물의 게놈도 이랬으니, 크게 손상을 입은 화석의 길고 복잡한 핵 게놈 해독은 꿈도 꾸지 못했다.

페보는 대안으로 먼저 네안데르탈인의 미토콘드리아 DNA로 눈을 돌렸다. 미토콘드리아는 세포 내 소기관으로 게놈이 작아 그나마 상대적으로 덜 어렵게 해독할 수 있었다. 1997년 국제 의과학 학술지《셀》에 발표한 첫 연구에서는 페보는 두 인류의 피가 섞이지 않았다는 결론을 내렸다. 유럽인들이 그동안 믿던, 또는 믿고 싶어하던 결과였다. 비슷한 연구 결과가 한동안 이어졌다. 2000년에는 다른 팀이 수행한 비슷한 연구 결과가 나왔는데, 역시 두 인류가 섞였다는 증거는 없다고 결론 내렸다. 2004년에도 스위스 연구팀이 두 인류의 혼혈 증거는 없다고 발표했다. 2006~2007년에도 결과는 바뀌지 않았다.

그동안, 이 사실을 처음 밝혔던 페보는 원대한 연구를 하고 있었다. 30억 쌍에 달하는 네안데르탈인의 핵 게놈 초안을 전부 해독해 현생인류와 직접 비교해보기로 했다. 고게놈 해독은 현생인류 DNA의 오염을 극소화한 채 진행해야 하는 매우 까다롭고 어려운 작업이다. 게다가 인류는 10여 년의 긴 시간 끝에 겨우 첫 게놈 해독 결과를 내놓은 참이었다. 끊어지고 손실된 수만 년 전 화석에서 30억 쌍 게놈 전체를 추출해 해독하는 일은 기술적으로 대단히 큰 도전이었다. 하지만 2010년 5월, 페보 연구팀은 결국 최초로 네안데르탈인 게놈 초안을 모두 해독하는 데 성공했고, 국제학술지 《사이언스》에 논문을 통해 결과를 공개했다.

논문 제목은 건조하게 '네안데르탈인 게놈 해독 초안'이었다. 하지만 막스플랑크 진화인류학연구단에서 내놓은 보도자료 제목은 좀 더 사람들의 관심사를 겨냥했다. '우리 안의 네안데르탈인'이었다. 논문에서 연구팀은 단순히 게놈 해독 결과만 제시하지 않고, 유전자의 특성을 현생인류와 비교 분석했다. 그 결과 현생인류의 게놈에 있는 유전자의 일부가 네안데르탈인으로부터 왔음을 확인했다. 현생인류가 수만 년 전 아프리카를 벗어난 뒤 일부가 유라시아에서 네안데르탈인과 만나 피를 섞었으며, 그 결과 현재에도 최초 발상지에 살았던 아프리카인 일부를 제외한 전 세계인의 유전체에 약 2%의 네안데르탈인 유전자가 남아 있다는 것이다. 이는 10여 년 전 페보 자신이 내놨던 연구 결과를 정반대로 뒤집는 내용이었다. 기술 발전으로 새로운 발견이 이뤄지면 이를 수용하고 더 정확한 정보로 갱신하는 일은 과학계에서는 흔한 일이었다. 페보 역시 그 경로를 따랐다. 새로운 결과는 대단히 충격적이었지만, 아무도 왜 결과가 다르냐고 되묻지 않았고 과거 연구를 비난하지도 않았다. 새로운 기술과 증거로 밝혀낸 새로운 진실을, 대부분의 사람들은 기꺼이 수긍했다. 페보는 이후에도 또 다른 친척 인류 데니소바인의 게놈을 최초로 해독하고 이들과 현생인류와의 관계를 밝히는 등 고게놈 분야를 게놈 및 진화 연구의 중요한 축으로 올려놨다. 지금은 다른 친척 인류는 물론, 역사시대 현생인류의 인구집단 이동 역사를 파악하는 연구에도 고게놈 해독 기술이 널리 쓰이고 있다. 페보는 이런 공로로 2022년 노벨 생리의학상을 단독 수상했다.

페보의 연구 결과는 인류의 과거를 밝힐 중요한 도구를 제공했고, 이를 통해 실제로 우리와 친척 인류의 관계에 관한 놀라운 사실을 밝혔다. 그런데 여기에는 더 깊은 의미가 둘 숨어 있다. 먼저, 네안데르탈인 유전자가 현생인

류에게도 일부 남아 있다는 사실을 통해 우리의 정체성과 역사를 다시 볼 수 있게 됐다. 서구인들이 네안데르탈인을 야만인의 대명사로 취급하던 모습은 오늘날의 인종차별과 대단히 비슷한 구도를 보인다. 여기에는 100년 전 프랑스에서 처음 복원된 네안데르탈인의 모습의 영향이 컸다. 온몸에 털이 가득하고 구부정하게 걸으며 둔탁한 도구를 쓰는 사실상 유인원의 모습이었는데, 이는 오늘날의 관점으로 보면 굉장히 잘못된 복원이었다. 하지만 단순한 과학적 오류라고만 볼 수는 없다. 가장 가까운 친척 인류를 현생인류와 비슷한 능력을 지닌 대등한 인간으로 인정하지 않는 편견이 알게 모르게 작용했다. 진화를 잘못 이해했던 사람들은 현생인류가 어떤 다른 존재보다 고등한 존재여야 한다고 믿었고, 따라서 네안데르탈인은 원시적인 면모가 강할 수밖에 없다고 생각했다. 이 편견이 친척 인류 복원도를 동물에 가까운 존재로 상상하게 만들었고, 이 결과물은 다시 당대 사람들에게 네안데르탈인에 대한 비하적 시선을 형성하는 악순환을 일으켰다. "누가 이 네안데르탈인을 데려왔어?"라는 말을 비하의 의미로 사용해온 역사엔 이런 편견과 잘못된 인식이 바탕에 자리하고 있었다.

하지만 게놈 연구 결과 알게 된 네안데르탈인은 이전에 상상하던 것과는 전혀 달랐다. 유전적으로 현생인류와 큰 차이가 없는 존재였다. 유전적 차이를 근거로 차별할 근거는 희미해졌다. 더구나 여러 고고학 연구 결과가 추가되면서, 네안데르탈인의 행동 특성도 현생인류와 매우 닮았음을 알게 됐다. 이 글 첫머리에 묘사한 게 오늘날 생각하는 네안데르탈인의 특징을 바탕으로 한 모습이다. 점잖은 옷을 입고 독자 바로 옆에 앉아 휴대전화를 만지작거리고 있으면, 아마 대부분의 사람은 차이를 전혀 구분하지 못할 가능성이 높다. 그저 운동 좀 한 건장한 사람이라고 생각할 것이다.

더구나 함께 자손까지 남겼다는 사실이 분명해졌다. 이젠 아예 별도의 다른 종으로 분류하는 게 타당한지도 모호해졌다. 실제로 네안데르탈인의 학명을 '호모 네안데르탈렌시스'로 분류할 것인지, '호모 사피엔스 네안데르탈렌시스'라고 분류할 것인지는 오랜 논쟁 주제이고, 아직까지도 합의되지 않았다. 호모 네안데르탈렌시스라고 부르면 호모 사피엔스와는 형제가 아닌 사촌 관계로 비유할 수 있게 되고(다른 종이 된다), 호모 사피엔스 네안데르탈렌시스라고 부르면 현생인류와는 형제 관계에 비유할 수 있게 된다(아종). 아종일 경우, 사실상 같은 종인데 지역적으로 떨어져 있어서 생긴 지역종 정도의 차이만 인정되는 셈이다.

또 하나 중요한 의의는, 현생인류에 대한 인식을 바꿨다는 점이다. 현생인류는 아프리카에서 태어나 지구 전역에 퍼진 종이다. 그 과정에서 다른 인류가 모두 사라졌는데, 이를 두고 그동안은 현생인류가 이들과의 경쟁을 이겨내고, 또는 이들을 모두 몰아내고(또는 대체하고) 홀로 살아남은 것으로

●
네안데르탈인은 현생인류뿐만 아니라 호모 에렉투스와 유전자를 섞었을 가능성도 있다. 이제 현생인류는 홀로 살아남았다기보다 과거의 여러 인류가 서로 만나고 섞여 형성됐다고 보는 게 더 정확하다.

호모 사피엔스	네안데르탈인	호모 에렉투스	오스트랄로피테쿠스	사헬란트로푸스 차덴시스
1만~3만 년 전	5만 년 전	100만 년 전	250만 년 전	600만~700만 년 전

해석했다. 묘하게 순혈주의적인 정복자적 시선이 느껴진다. 하지만 페보 연구팀의 연구 결과, 현생인류는 유라시아 동부에서 네안데르탈인과 경쟁하는 한편, 동시에 일부는 서로 섞여 자손을 남겼다. 연구팀이 네안데르탈인에 이어 바로 이듬해 공개한 데니소바인 게놈 연구 결과에 따르면, 인류는 심지어 데니소바인과도 유전자를 섞었다. 현재의 현생인류는 실은 여러 인류가 뒤섞여 형성된 혼혈의 존재인 셈이다. 인류학자에 따라서는 현생인류가 그 외에 또 다른 인류(예를 들어, 현생인류가 아시아에 진입했을 때 그곳엔 데니소바인 외에 호모 에렉투스도 살고 있었다)와 유전자를 섞었을 가능성도 배제하지 못하고 있다(다만 아직은 에렉투스의 게놈을 해독하지 못해 확실한 증거가 나온 적은 없다). 이제 현생인류가 홀로 살아남은 인류라는 말은 더 이상 정확하지 않다. 인류 역사를 거쳐 간 여러 인류가 서로 만나고 섞여 현생인류를 형성했다고 보는 게 더 정확하다.

물론, 현생인류 유전체 중 네안데르탈인 유전자가 차지하는 비중은 작다. 두 인류가 가깝다 보니 같은 유전자를 공유하는 경우가 많았기 때문이기도 하지만, 네안데르탈인 인구가 점차 줄다 사라진 것과도 관련이 있다. 현생인류와 만났을 때엔 이미 쇠락하던 집단이었고, 피를 나눈 지 얼마 되지 않아 사라졌다. 유전자 교류가 이뤄진 기간은 짧았고, 이후로는 현생인류끼리만 섞이며 네안데르탈인 유전자는 희석됐다. 네안데르탈인은 지금은 화석과, 눈에는 보이지 않는 유전자의 코드로만 남아 있다. 다행히 문화의 결정체인 과학을 발전시킨 덕에, 현생인류는 그들의 정확한 흔적을 읽어낼 수 있었다. 그렇게, 몸에 깊이 새겨진 그들의 이야기를 현재에 되살려냈다.

◆ 다시 쓰는 네안데르탈인의 생활사…섬세한 사냥, 다양한 도구

이 글 첫머리에서, 뜬금없이 네안데르탈인이 운영하는 식당 이야기를 썼다. 아무렇게나 지어낸 이야기는 아니다. 실제로 최근 밝혀진 네안데르탈인의 생활과 행동을 반영한 이야기다. 고고학 연구에서 옛 인류의 생활 흔적은 그들의 신체적 능력이나 인지능력, 건강, 사회생활 등을 가늠할 중요한 단서를 제공하기에 중요하다. 특히 식생활과 관련한 유적이 그렇다.

2020년 3월, 스페인 카탈루냐 고등연구소(ICREA) 연구팀은 이베리아 반도의 네안데르탈인 유적을 발굴한 결과를 《사이언스》에 발표했다. 연구팀도 이 유적에서 네안데르탈인의 식습관과 도구 제작 능력을 연구했다. 그 결과, 네안데르탈인이 게나 물고기, 거북, 조개 등 다양한 해양 동물과 소나무 열매 등 식물을 먹었다는 사실을 확인했다. 네안데르탈인에 대한 기존 상식을 깨는 내용이었다. 전에는 네안데르탈인이 능숙한 협동 사냥꾼으로서, 창 등 무기를 이용해 직접 육탄전을 벌이거나 떼 지어 함정으로 몰아 떨어뜨려 죽이는 방식으로 거대한 말이나 들소 등 대형 포유류를 사냥해 먹었다는 게 정설이었다. 2023년 2월에는 심지어 12만 년 전에 당대 가장 큰 동물인 코끼리를 사냥했다는 증거까지 나왔다. 반면 해산물이나 작은 다른 동식물을 섭취했다는 증거는 그동안 부족했는데, 이 연구로 네안데르탈인이 다양한 환경에서 다양한 지역 식재료를 섭취했다는 사실이 새롭게 밝혀졌다.

이 연구는 단지 네안데르탈인의 특이한 미식 취향을 알려준 연구가 아니다. 네안데르탈인에 대한 인식을 바꾼 연구였다. 인류학계에서는 네안데르탈인이 멸종하고 현생인류가 살아남은 근본 원인으로 현생인류의 뛰어난 인지능력을 꼽는 일이 많았다. 도구 제작, 예술 창작, 환경 적응 능력 등 많은 면에서 현생인류가 더 뛰어났기 때문이다. 그리고 이렇게 인지능력이 차이 나는 이유로 일각에서는 현생인류가 뇌 발달에 도움이 되는 해산물을 더 많이 섭취했기 때문이라고 주장했다. 현생인류는 아프리카 밖으로 확산하는 과정에서 해안을 따라 빠르게 이동하며 자연스레 해산물 섭취가 많았으나, 네안데르탈인은 그렇지 않았다는 뜻이다. 하지만 이 연구로 네안데르탈인 역시 해산물을 다양하게 섭취했다는 사실이 밝혀졌다. 덩달아 현생인류와 네안데르탈인의 인지능력 차이를 정당화하려던 일부 시도 역시 근거를 잃었다.

이후 비슷한 연구가 쏟아졌다. 네안데르탈인이 다양한 도구를 활용해 복잡하고 섬세한 조리를 할 줄 알았다는 증거도 추가됐다. 2024년 8월, 호주 국립대 연구팀이 발표한 연구가 대표적이다. 연구팀은 스페인 남동부 피레

네안데르탈인은 대형
포유류뿐만 아니라 해산물,
작은 동식물도 먹은 것으로
밝혀졌다.

네산맥 기슭에서 약 10만~6만 5000년 전 네안데르탈인의 유적을 발굴했다. 다양한 석기와 동물 뼈 등 유물 수십만 개를 발굴했는데, 분석 결과 네안데르탈인이 과거 생각보다 훨씬 더 정교하고 섬세한 도구 제작자이자 사냥꾼이었음을 발견했다. 동물뼈는 사슴과 말, 들소 외에 민물 거북과 토끼까지 다양한 식재료를 사냥해 먹었음을 보여줬다. 그동안 다양한 거대 동물 사냥 흔적은 많았지만, 작은 동물을 사냥했다는 증거는 부족했는데, 이 연구 결과로 네안데르탈인이 다양한 환경에 적응해 그 지역에 사는 다양한 작은 동물을 사냥했으며, 여러 석기를 이용해 이를 가공해 먹었다는 사실이 확인됐다.

같은 해 7월, 스페인 카탈루냐 인간 고생태학 및 사회진화 연구소 연구팀은 네안데르탈인이 매우 날카로운 플린트 격지(flake, 원석에서 떨어져 나온 돌 조각으로, 날카로운 석기로 쓰임)를 이용해 빠르고 능숙하게 새 요리를 했음을 실험을 통해 밝혔다. 2023년 10월에는 캐나다 연구팀이 20여 년간의 포르투갈 유적지를 발굴한 끝에, 네안데르탈인이 불을 정교하게 통제해 조리에 활용했다는 사실을 밝혔다. 모두 네안데르탈인의 환경 적응력이 과거 생각보다 뛰어나며 능숙하게 도구를 사용할 줄 알았다는 사실을 증명해줬다.

돌 외의 재료를 정교하게 가공해 도구로 활용할 줄 알았다는 사실도 밝혀졌다. 그동안 뼈를 가공한 정교한 도구는 현생인류의 전유물이며, 네안데르탈인은 뼈를 도구로 가공할 줄 몰랐다고 알려져 있었다. 하지만 2020년 9

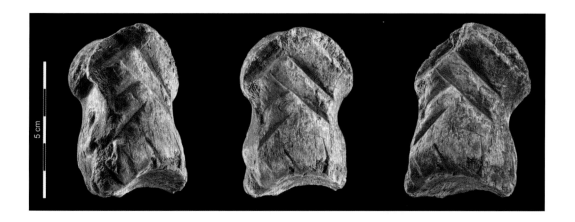

독일 중부 유니콘 동굴에서
발견한 거대한 사슴 발뼈에
무늬가 새겨져 있다. 약 5만
년 전 네안데르탈인이 장식한
것으로 추정된다.
© V. Minkus/NLD

월 프랑스 보르도대 연구팀은 러시아 알타이산맥의 차기르스카야 동굴의
네안데르탈인 유적에서 손질된 다양한 뼈 도구를 발견했다. 연대는 5만 년
전이었으며, 다양한 기능을 갖춘 세밀한 뼈 도구가 1000개 이상 확인됐다.
2023년 6월 프랑스 리에주대 연구팀 역시 네안데르탈인 유적지에서 손질된
뼈를 발견했다고 발표했다. 종류도 다양해서, 절단 도구나 끌, 다듬개처럼 다
양한 용도로 세분화된 뼈 도구를 만들어 썼음도 확인했다. 연구팀은 "네안데
르탈인이 목적을 달성하기 위해 기술을 바탕으로 뼈를 가공하는 노하우를
갖추고 있었다"고 결론 내렸다.

상징을 표현하고 의례를 행하는 능력도 속속 밝혀지고 있다. 2021년
에는 네안데르탈인이 뼈에 무늬를 새겼다는 주장이 제기됐다. 독일 동굴에
서 발견된 5만 1000년 전 사슴 뼈에 일정한 패턴의 선이 발견됐는데, 이것
이 인위적인 디자인의 결과라는 주장이다. 스페인 지브롤터의 동굴에서는 3
만 9000년 전에 만들어진 해시태그(#) 모양의 무늬가 있는데, 이 그림 역시
네안데르탈인이 인위적으로 만든 상징물이라는 주장도 있다. 벽화 중에서는
2018년 스페인에서 발견된 벽화 중 일부를 약 6만 5000년 전 네안데르탈인
이 그렸다는 연구 결과가 있다. 네안데르탈인이 염료를 이용해 기하학적 무
늬(선)를 일부 그렸고, 이후 같은 동굴을 방문한 다른 인류(현생인류)가 추가
로 그림을 그리며 대를 이어 벽화를 완성했다는 뜻이다. 다만 이 연구에 대해
서는 이후 연대가 약 2만 년 과다 측정됐다는 반론도 있어 아직 논란이 이어

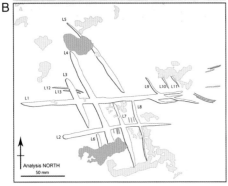

스페인 지브롤터의 고람동굴에서 발굴된 동굴 벽의 무늬다. 약 3만 9000년 전에 만들어졌으며 네안데르탈인이 인위적으로 그렸을 가능성이 제기돼 있다.
© PNAS

지고 있다.

의례와 관련해서도, 네안데르탈인은 붉은색이나 검은색 염료를 사용해 치장했고, 이를 바른 장신구를 만들었다는 사실이 밝혀져 있다. 일부 지역에서는 시신을 매장하고 부장품이나 표식을 두는 행위를 했을 가능성도 제기돼 있다. 아직 현생인류처럼 확실한 유적으로 증명되지는 않았지만, 많은 사람들이 현생인류 못지않게 정교한 의례를 수행했을 것이라고 보고 있다.

물론 당시의 네안데르탈인과 현생인류가 모든 면에서 동일한 능력을 보여준 것은 아니다. 일부 도구나 행위는 현생인류가 네안데르탈인보다 앞서 있거나 세련된 문화를 지녔다. 예를 들어 무기는 현생인류와 네안데르탈인 사이에 약간 시차가 있었다는 의견이 아직은 대세다. 2023년 2월 연구에 따르면, 유럽 지역에서 던지는 창이나 활 등 투석기가 등장한 연대는 5만 4000년 전으로 추정된다. 기존보다 약 2만 년 앞당겨진 연대다. 투석기는 기계로 추진력을 가하는 새로운 개념의 무기로, 유럽에 일찍 도착한 현생인류가 만들었던 것으로 추정된다. 그러나 당시의 네안데르탈인은 투석기를 발전시키지 못했고, 여전히 육탄전이 필요한 가까이에서 찌르거나 던지는 창을 주로 활용했다. 연구팀은 전혀 다른 장거리 무기 기술을 지닌 현생인류가 네안데르탈인에 비해 사냥에서 기술적 우위를 차지했을 것이라고 봤다.

기술에 분명한 차이도 존재하지만, 그렇다고 이를 직접 네안데르탈인과 현생인류의 인지능력 차이로 환원할 수는 없다는 점도 최근 조심스럽게 제기되고 있다. 기술의 차이는 단지 축적된 문화의 양 차이 때문에 생겼을 수 있다. 쉽게 이야기하면 교류와 학습에 의한 혁신을 많이 경험한 인구 집단과, 그럴 기회를 상대적으로 적게 가진 인구 집단의 차이일 수도 있다. 만약 네안데르탈인이 계속 남아 현생인류와 자연스레 교류하고 융합했다면 현생인류로부터 새로운 도구나 무기 제조법을 배우고 상징 표현법을 나누며 함께 또 다른 문화를 발전시켰을 수도 있다. 2012년 막스 플랑크 진화인류학연구소는 프랑스 및 스페인에서 발견된 뼈 장신구의 연대를 연구했다. 이들 장신구의 연대는 약 4만 5000~4만 년 전으로 밝혀졌는데, 네안데르탈인이 아직 이 지역에 살고 있고 현생인류는 막 새로 도착한 직후였다. 두 인류가 수천 년간 공존했을 것으로 추정된다. 연구팀은 이 기간에 네안데르탈인이 현생인류의 새로운 문화 기술과 스타일을 보고 영감을 받아 과거의 네안데르탈인 장신구와는 다른 새로운 스타일의 장신구를 만들었을 것이라고 추정했다. 자신들의 과거 스타일과는 물론, 이후의 현생인류 스타일과도 다른 이들 과도기적 장신구는 두 인류 사이에 문화적 확산이 일어났다는 증거로 주목받고 있다. 이들의 교류와 그에 따른 과도기적 문화(샤텔페로니안 문화)에 주목한 연구는 2014년, 2020년 등 이후에도 꾸준히 나오고 있다.

루마니아 동굴에서 발견된 뼈를 기반으로 초기의(3만 7000년 ~ 4만 2000년 전) 유럽 호모 사피엔스를 복원한 모형이 독일 메트만의 네안데르탈인 박물관에 전시돼 있다. 네안데르탈인의 DNA를 일부 섞어 재구성했다.
© Daniela Hitzemann/Pressebilder Neanderthal Museum

네안데르탈인은 모방을 매우 잘 하는 인류였으며 지적이고 사교적이며 협력적인 종이었을 것으로 추정된다. 만약 인류와 좀 더 긴 시간 공존했다면 짧은 시간에 충분히 문화적 도약을 이뤄냈을 수 있다. 그리고 때로는 그렇게 도약시킨 그들 고유의 문화가 반대로 현생인류에게 영향을 미치는 일도 있었을 것이다. 교류와 협력을 통해 혁신을 거듭하며, 인류의 역사는 다른 방향으로 나아갔을지 모른다. 네안데르탈인 역시 사라지지 않고 다른 운명을 맞이했을지도 모른다. 사이좋게 나란히 앉아, 글 첫머리에서 상상한 특이한 요리를 함께 맛보고 있을지도 모른다. 물론 그들이 사라진 지금은, 그저 상상만 해볼 수 있을 뿐이다.

구름 위에서 치는 메가 번개

김범용

성균관대에서 철학과 경제학을 전공한 뒤 서울대 철학과 대학원에서
'경제학에서의 과학적 실재론: 매키의 국소적 실재론과 설명의 역설'로
석사학위를 받았다. 현재는 서울대 과학사 및 과학철학 협동과정에서
박사과정을 다니고 있다. 전공 분야는 과학철학이며 경제학과 철학에
관심이 있다. 지은 책으로 『과학이슈11 시리즈(공저)』 등이 있다.

메가 번개의 일종인 스프라이트가 찍힌 사진. 오른쪽 구름 위로
붉은 스프라이트가 여럿 보인다.

ISSUE

10

대기학

메가 번개는 구름 위에서 어떻게 발생할까?

비행기가 구름 사이를 비행할
때도 번개가 발생한다. 구름
위에서 치는 번개는 이와 다른
특성을 보인다.

100여 년 전부터 비행기 조종사들로부터 구름 위에서 벌어지는 현상에 대한 흥미로운 목격담이 전해져 내려오고 있었다. 즉 구름 위에서 붉거나 푸른 불기둥을 보았다는 내용이다. 도대체 그 정체를 알 수 없었고, 조종사들의 목격담과 관련된 과학적 증거는 없었기 때문에, 조종사들이 목격한 현상은 과학의 영역에 들어오지 못했다. 그러다 최근 이것이 구름 위에서 치는 '대규모 번개'임이 밝혀졌다.

우리가 아는 일반적인 번개는 구름 아래에서 발생하는데, 구름 위에 발생하는 번개라니 놀랍다. 이러한 번개는 크기가 수십 킬로미터로 일반적인 번개보다 1000배 이상 규모가 커서 '메가 번개(megalightning)'라고 부른다. 메가 번개의 정체는 무엇인지, 메가 번개는 어떻게 생성되는지 자세히 살펴보자.

✦ 메가 번개는 '상층대기 번개'이자 '일시적 발광 현상'

구름을 구성하는 것은 작은 물방울이나 얼음 알갱이인데, 폭풍이 몰아치면서 상승 기류가 생기면 구름 속에서 물방울과 얼음 알갱이 사이에 마찰이 일어나며, 이때의 마찰 때문에 얼음이 물에 전자를 빼앗기며 상승하여 구름 안에서 전하가 분리된다. 그 결과 구름 위쪽은 양전하를 띠게 되고, 구름 아래쪽은 음전하를 띠게 되는데, 이렇게 전하가 분리된 구름을 '뇌운(번개구름)'이라고 부른다.

뇌운(번개구름)에서 구름 입자 간에 음전하와 양전하가 분리되어 축적되다가 입자 간 전하가 순간적으로 이동하는 방전 현상이 일어난다. 이때 강한 빛과 높은 열이 발생하는데, 강한 빛을 '번개'라고 하고, 높은 열(약 2만 7000℃)로 인해 순간적으로 공기가 팽창하여 나는 폭발적인 소리를 '천둥'이라고 한다. 이처럼 번개는 구름 내부, 구름과 구름, 또는 구름과 지표면에서 일어나는 전기 방전 현상이다.

메가 번개는 일반적인 번개와 달리 대기 상층부에서 관찰된다. 일반적인 번개가 발생하는 대류층의 위에서 발생하여 '상층대기 번개(upper-atmospheric lightning)'라고 부른다. 구체적으로는 지구 대기 상공 약 60km에서 약 1000km의 구역인 전리층에서 발생한다고 해서 '전리층 번개(ionspheric lightning)'라고도 부른다. 또 메가 번개는 발생 후 지속시간이 일반적인 번개의 지속시간인 10ms(밀리초, 1ms=1000분의 1초)보다 훨씬 짧아 '일시적 발광 현상(Transient Luminous Events, TLE)'이라고도 한다.

메가 번개는 외형상 대류권에서 발생하는 일반적인 번개와 비슷해 보이지만, 일반적인 번개에 있는 몇 가지 중요한 차이점이 있다. 일반적인 번개는 대류권(지표면에서 고도 10~18km)에서 형성되는 반면, 메가 번개는 30~90km 상공에서 발생한다. 일반적인 번개는 구름에서 구름으로, 또는 구름에서 지면으로 향하지만, 메가 번개는 구름에서 대류권 상층부로, 즉 아래에서 위쪽으로 향하거나 성층권에서 도넛 모양으로 뻗어 나가기도 한다. 메가 번개는 규모도 일반적인 번개보다 1000배 이상 크기도 하며, 붉은색이나 파란색 등 일반적인 번개와 다른 색상을 띠기도 한다. 결정적으로, 일반적인 번개가 뇌운에서 발생하는 것과 달리, 메가 번개는 정확한 발생 원인을 아직까지 모른다.

이 때문에 과학계에서는 메가 번개, 상층대기 번개, 전리층 번개처럼 '번개'라는 이름이 들어간 용어보다는 '일시적 발광 현상'이라는 용어를 선호한다. 일시적 발광 현상은 대류권 번개에 의해 상층 대기에 유도되는 다양한 유형의 전기 방전 현상을 가리키는 의미로 쓰인다. 이 글에서는 편의상 '상층대기 번개'로 통일해서 쓰기로 한다.

◆ 붉은 스프라이트, 아래에서 위로 칠까? 위에서 아래로 칠까?

상층대기 번개의 존재를 처음 예측한 사람은 1920년대 스코틀랜드의 물리학자 찰스 윌슨(Charles Thomson Rees Wilson)이었다. 1916년부터 번개에 관한 연구를 한 윌슨은 뇌운(번개구름)에서 높은 곳은 양전하를, 낮은 곳은 음전하를 띤다는, 번개의 전기적 구조에 관한 가설을 세웠고, 1920년대에는 큰 뇌우가 발생하는 곳 위쪽의 높은 대기에서 절연파괴(electrical breakdown)가 발생할 것으로 예측했다. 절연파괴란 절연체(전기가 거의 통하지 않는 물질)에 일정값 이상의 전압을 가할 때 갑자기 방전되어 큰 전류가 흐르는 현상을 말한다.

실제로 상층대기 번개의 존재는 1989년 미국 미네소타대의 로버트 프란츠 박사에 의해 우연히 발견됐다. 프란츠 박사는 TV 카메라를 시험하던 중 예상치 않게 상층대기 번개를 촬영했다. 상층대기 번개의 지

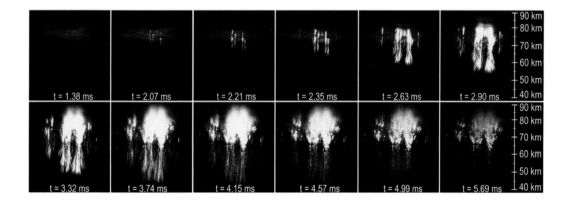

●
스프라이트의 발생 과정을
초고속카메라로 촬영한 사진.
스프라이트는 퍼지는 섬광의
하단부에서 생겨나 넝쿨손처럼
아래쪽으로 뻗어 내려간다.
© Steve Cummer/Duke University

속시간이 너무 짧아서 촬영 당시 프란츠 박사는 자신이 상층대기 번개의 일종인 '스프라이트(sprite)'를 촬영했음을 알지 못했고, 비디오테이프를 돌려보다 뒤늦게 이를 발견했다.

　스프라이트는 뇌운에서 지면으로 내리치는 번개에 의해 발생한다. 번개는 전하를 구름에서 지면으로 이동시킬 수 있는데, 이러한 전하의 이동은 번개가 치는 곳 주변에 큰 전기장을 생성한다. 뇌운 위의 높은 곳에는 공기층이 얇아서 이러한 전기장이 전기 방전을 일으킬 수 있는데, 이는 대기를 통한 전류의 흐름이며 일반적인 번개를 형성하는 전기 방전과 비슷하다.

　이 때문에 처음에 과학자들은 스프라이트가 아래에서 위로 친다고 예측했다. 그러나 초고속카메라 영상을 통해 이러한 예측은 틀렸음이 드러났다. 스프라이트는 고도 90km의 전리층에서 고도 15km의 뇌운 쪽을 향해서 떨어진다.

　스프라이트가 붉은빛을 띠는 이유는 전리층 상층부에 있던 양전하가 뇌운이 있는 아래쪽으로 급격히 이동하여 주변의 산소를 때리기 때문이다. 그렇게 되면 산소는 들뜬 상태(기준 에너지 상태 위로 에너지 준위가 상승한 상태)가 되어 붉은빛을 방출한다. 그런데 스프라이트는 발생한 직후 꼭대기에 녹색 후광이 나타났다가 곧바로 사라지기도 한다.

　스페인 안달루시아 천체물리학 연구소의 마리아 파사스-바로

✚ 대류층? 전리층?

지구 대기권은 대류권, 성층권, 중간권, 열권, 외기권 이렇게 다섯 층으로 나뉜다. 전리층(ionosphere)은 지구 대기 상공 약 60km에서 약 1000km의 구역으로, 열권의 대부분과 중간권 및 외기권의 일부분을 포함한다. 이 구역에서는 대기 분자들이 태양 복사선에 의해 전리되기에 전리층이라고 부른다. 전리는 전하적으로 중성인 분자를 양전하나 음전하를 가진 이온으로 만드는 현상으로, 이온화(ionization)라고도 부른다.

- 외기권: 지상 약 500~1000km 이상.
- 열권: 지상 약 80km에서 500~1000km까지.
- 중간권: 지상 약 50km에서 80km까지.
- 성층권: 지상 약 10km에서 50km까지. 중층(약 20~25km)에 오존층이 형성되어 있음.
- 대류권: 지표면에서 지상 약 10km까지. 지표면에 가장 인접한 대기의 층.

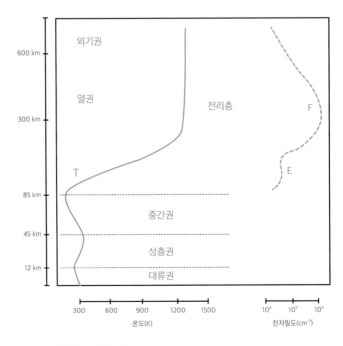

▲ 지구의 대기권 구분

(María Passas-Varo) 박사 연구진은 스프라이트 꼭대기에서 발생하는 녹색 빛이 극지방의 오로라처럼 산소 원자가 에너지를 받으면서 생기는 것으로 추정했다. 그런데 분광 카메라로 촬영하여 분석한 결과 스프라이트의 녹색빛에서 산소, 질소뿐만 아니라 철, 니켈 같은 금속의 파장이 나왔다. 연구진은 스프라이트의 녹색빛은 지구 대기권으로 추락하는 미소유성체에서 떨어져 나온 금속으로 인한 것으로 보았다.

스페인의 마리아 파사스-바로 연구진이 관측한 스프라이트. 육안으로는 스프라이트 윗부분의 녹색 빛을 볼 수 없다.
© Maria Passas-Varo/Nature Communications

◈ 블루 제트, 자이언트 제트, 엘브스

1994년 7월 스프라이트를 관측하기 위해 미국 중서부를 통과하는 폭풍 위로 비행기 두 대가 파견되었다. 이들은 이전에 알려졌던 스프라이트와는 다른 유형의 상층대기 번개를 발견했다. 새로 발견된 상층대기 번개는 원뿔 모양의 파란색 빛 분수가 뇌우 꼭대기에서 위쪽으로 빠르

●
국제우주정거장에서 촬영한
블루 제트. 공기 중의 질소를
자극하여 파란빛을 낸다.
© ESA

게 분출되었기 때문에 이것의 이름을 '블루 제트(blue jet)'라고 붙이게 되었다.

블루 제트의 파란빛은 블루 제트에서 발생하는 전기가 질소를 자극하여 방출하는 것이다. 일반적으로 블루 제트는 구름 꼭대기에서 고도 약 15km에서 약 30~40km까지 도달하며, 경우에 따라서는 80km까지도 도달하기도 한다. 구름 위로 불과 몇 km 뻗는 작은 블루 제트는 '블루 스타터(blue starters)'로 불리기도 한다. 블루 제트는 초속 100km의 속도로 이동하고 지속시간도 0.1~1ms로 스프라이트보다 더 짧아 지상에서 이를 관찰하는 것은 매우 힘들다.

'자이언트 제트(giant jet)'는 위는 붉은색 스프라이트, 아래는 파란색 블루 제트인 형태를 하고 있다. 스프라이트와 블루 제트가 혼합된 형태를 보이며 고도 90km까지 치솟는다. 자이언트 제트의 윗부분이 붉은색인 이유는 질소가 파란빛이 아닌 붉은빛을 방출하는 높은 고도에 도달했기 때문인 것으로 추정되며, 이는 스프라이트가 위는 빨간색이고 아래

는 파란색인 것과 같은 이유인 것으로 보인다. 과학자들은 자이언트 제트는 다른 지방보다 열대 지방에서 더 자주 나타나는데, 전 세계적으로 1년에 1000회 정도 발생하며 위력이 일반적인 번개의 50배 이상일 것으로 추산한다.

블루 제트나 자이언트 제트가 왜 밑으로 내리치지 않고 위로 올라가는지는 아직 완전히 밝혀지지 않았다. 2022년 미국 해양대기청(NOAA) 연구진은 미국 오클라호마주에서 관측된 자이언트 제트를 분석하여 상층대기 번개가 구름 바닥으로 빠져나가지 못하고 상층에서 막혔을 가능성이 있다고 발표했다. 실제로 자이언트 제트는 뇌운에서 지면으로 번개가 잘 내리치지 않는 폭풍에서 관찰되는 경향이 있다.

엘브스(ELVES)는 '전자기 펄스 발생원에 의한 빛 방출 및 초장파 섭동(Emission of Light and Very low frequency perturbations due to Electromagnetic pulse Sources)'의 줄임말이다. 상공 90km에서 발생하며 다른 상층대기 번개와 달리 섬광이 수직 방향이 아니라 수평 방향으로 나

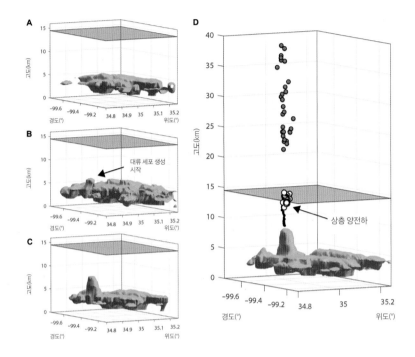

대류층에서의 자이언트 제트의 발생에 관한 3D 시뮬레이션. 회색판은 구름의 꼭대기를 나타낸다. 특히 D에서 검은색 점은 초기에 위쪽으로 빠져나올 때 방출되는 초고주파(VHF)이고, 흰색 점은 위쪽 양전하 영역을 나타낸다. 주황색 점은 전리층을 향해 상승하며 방전될 때 방출된 것이다.

© Levi D. Boggs/Science Advances

타난다. 1990년 10월 우주 왕복선 디스커버리호가 대서양에서 엘브스를 최초로 촬영했다. 엘브스는 열권에 해당하는 고도 100km에서 나타나며, 전리층에서 지름 400km의 얇고 거대한 도넛 모양으로 붉은빛을 낸다. 엘브스의 지속시간은 1ms 이하라서 육안으로 볼 수 없다.

2023년 3월 27일, 이탈리아의 베네토에서 사진작가 발터 비노트가 촬영한 엘브스.

© Valter Binotto

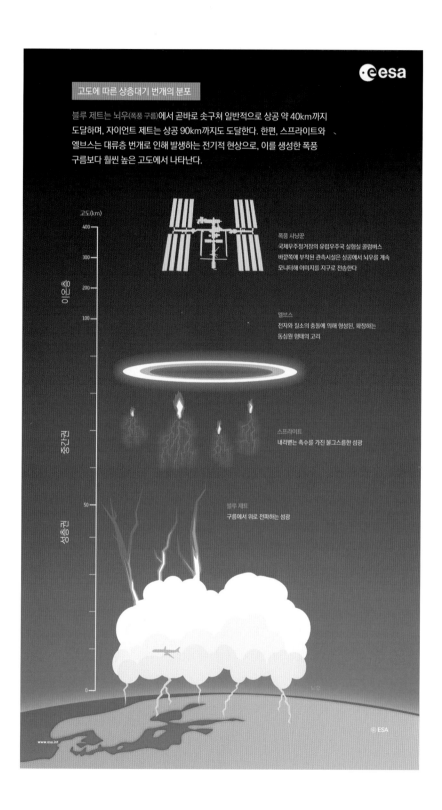

고도에 따른 상층대기 번개의 분포

블루 제트는 뇌우(폭풍 구름)에서 곧바로 솟구쳐 일반적으로 상공 약 40km까지
도달하며, 자이언트 제트는 상공 90km까지도 도달한다. 한편, 스프라이트와
엘브스는 대류층 번개로 인해 발생하는 전기적 현상으로, 이를 생성한 폭풍
구름보다 훨씬 높은 고도에서 나타난다.

고도(km)

400

300

200

100

50

0

폭풍 사냥꾼
국제우주정거장의 유럽우주국 실험실 콜럼버스
바깥쪽에 부착된 관측시설은 상공에서 뇌우를 계속
모니터해 이미지를 지구로 전송한다

엘브스
전자와 질소의 충돌에 의해 형성된, 확장하는
동심원 형태의 고리

스프라이트
내리뻗는 촉수를 가진 붉그스름한 섬광

블루 제트
구름에서 위로 전파하는 섬광

열권

중간권

성층권

www.esa.int

© ESA

엘브스도 스프라이트처럼 번개에 의해 촉발된다. 강력한 번개 방전은 매우 강력한 전자기 펄스를 생성하며, 이것이 엘브스의 생성을 촉발한다. 그러한 전자기 펄스는 번개가 친 곳에서 바깥쪽으로 확장되며 구형을 띤다. 지상에서 80~90km 떨어진 대기에서 해당 펄스는 전자에 에너지를 공급하여 질소 원자에 충돌시키는데, 이 때문에 엘브스에서는 붉은빛이 난다. 펄스는 대기의 얇은 한 층에서만 빛을 생성할 수 있기 때문에 엘브스는 구가 아니라 고리처럼 보이며, 구형 펄스가 확장되면서 특정 대기층을 통해 점점 더 넓은 원을 그리는 모양으로 나타난다.

✦ 상층대기 번개는 우주 비행사의 안전을 위협할 수 있다?

상층대기 번개에 관한 연구의 필요성 중 하나는 항공 및 우주 산업에서의 안전 문제와 관련된다. 1969년 달 탐색 임무를 수행하기 위해 아폴로 12호가 발사되었을 때 번개로 인해 엄청난 재난이 일어날 뻔했다. 아폴로 12호가 플로리다 상공에서 이륙한 지 1분도 되지 않아 번개에 두 번(이륙 후 32초와 52초) 맞았고, 이에 순간적으로 전력 공급과 원격 지시 장치가 차단되었기 때문이다. 조종사들의 침착한 대응과 지구 궤도에서의 철저한 점검으로 추락을 피하긴 했으나, 이 사고 후 미국 정부는 문제의 심각성을 파악하고 번개 연구에 엄청난 예산을 투자하기 시작했다.

1989년 6월 미국과학풍선시설(National Scientific Balloon Facility, NSBF)에서는 대기 중 다양한 분자를 분석하기 위한 목적으로 풍선을 띄웠다. 비행의 마지막 부분에서 풍선은 텍사스주 포트워스(Fort Worth) 서쪽의 뇌우 위를 지나가다 알 수 없는 이유로 낙하산과 곤돌라가 분리되면서 풍선과 탑재물이 나뉘어 상공 약 40km에서 지면으로 자유낙하를 했다. 곤돌라에 낙하산을 부착하면 지면에 도달하는 데 약 50분 정도가 걸려야 하는데, 이 자유낙하 시에는 2분밖에 걸리지 않았고, 탑재물은 텍사스주에 있는 외딴 농장에 시속 약 1100km로 속도로 충돌했다.

NSBF는 회수한 회로 기판에서 큰 전류가 흐른 것을 확인했다. 전

문가들은 번개가 서스펜션 시스템을 직접 강타한 것이 아니라 유도 전류가 손상을 일으켰다고 판단했다. 비행 전자 장치에 알 수 없는 이유로 전자기 펄스가 생성되자 낙하산이 풍선에서 풀리고, 낙하산·탑재물 방출 시스템에서 안전핀을 뽑는 모터가 켜졌으며, 낙하산을 탑재물에서 방출하는 데 사용되는 폭발 커터(explosive cutter)가 발사되어 탑재물이 계획과는 달리 자유낙하를 했다는 설명이었다. 당시 이 사건은 번개가 구름에서 우주로 올라갈 수 있다는 가설에 어느 정도 신빙성을 부여하는 증거로 여겨졌는데, 이후에 스프라이트를 비롯한 여러 형태의 상층대기 번개가 발견되었다.

　　2003년 2월에는 우주왕복선 컬럼비아호가 임무를 마치고 귀환하던 중 텍사스주 상공에서 공중 분해되어 승무원 일곱 명 전원이 사망한 사고가 있었다. 사고의 주요 원인으로 추정된 것은, 우주왕복선을 발사할 때 외부 연료 탱크 단열재의 파편이 왼쪽 날개에 충돌하여 파괴가 시작되었다는 것이었다. 이에 대해 NASA는 단열재처럼 가벼운 물체가 우주왕복선에 큰 손상을 준다고 판단하지 않았다. 이 사건과 관련하여 미국의 여러 신문에서는 1989년의 풍선 사건을 언급하며 우주왕복선이 대기권에 재진입할 때 스프라이트에 타격을 입었을 가능성이 있다는 이론을 언급하는 기사가 실렸다.

✦ 메가 번개가 온실 기체를 만든다?

상층대기 번개 연구의 또 다른 필요성은 지구 대기의 성분과 관련된다. 상층대기 번개가 온실 기체인 아산화질소(N_2O)를 대기 중에 생성할 가능성도 제기되고 있다. 상층대기 번개가 생성하는 강력한 전기장은 대기 중의 전자와 상호작용하여 화학 반응을 유도하는데, 이러한 반응은 오존(O_3), 아산화질소(N_2O) 등의 합성과 분해에 영향을 미칠 수 있다.

아산화질소는 이산화탄소(CO_2)와 메탄(CH_4)에 이어 세 번째로 강력한 온실기체로 꼽힌다. 아산화질소는 같은 단위의 일산화탄소의 약 20배, 이산화탄소의 약 250배의 온실효과를 일으킨다. 이 때문에 아산화질소 배출원을 정밀하게 측정하는 것이 시급한 과제로 떠오르고 있는데, 그 원인 중 하나로 스프라이트, 블루 제트 등의 상층대기 번개가 지목된다.

대류층의 번개는 고온(1000~40,000K)의 열적 플라즈마로, 주로 일산화질소(NO)와 이산화질소(NO_2) 같은 질소 산화물을 생성하며, 오존(O_3)과 아산화질소(N_2O)의 직접적인 생성량은 적다. 반면, 상층대기 번개는 비열적(cold) 플라즈마로, 전자와 주변 분자들 사이의 비열적 반응을 활성화하여 오존과 아산화질소를 생성한다.

●
블루 제트와 블루 스타터는 상부 대류권과 하부 성층권에 오존(O_3)과 아산화질소(N_2O)를 공급하는 것으로 추정되고 있다.
© F.J. Gordillo-V´azquez/Atmospheric Research

A: 페인트 스트리머, 실제 색깔 이미지
B: 구름 안의 초고주파

현재 상층대기 번개와 관련된 연구는 블루 제트의 발생과 그로 인한 국지적인 대기 성분 변화를 추적하는 수준이지만, 상층대기 번개의 전 지구적 규모의 장기적이고 광범위한 영향을 평가하기 위해 대기과학자들은 더 많은 관측 데이터를 모으고, 더 정밀한 모형을 개발하고 있다.

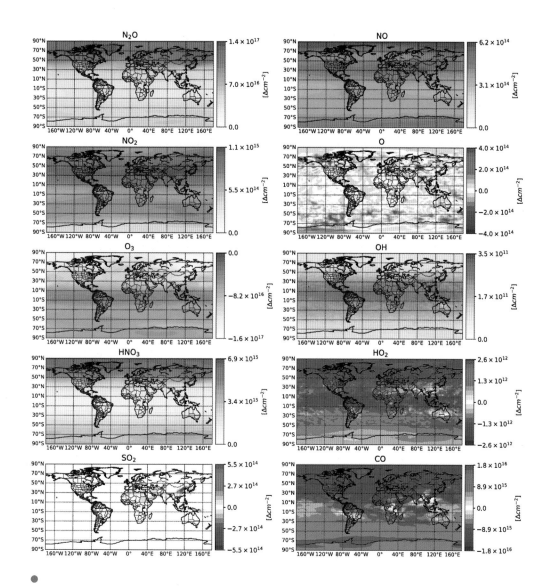

지난 10년간 블루 제트 발생 전후의 대기 중 성분 변화 분석을 나타낸 그림. 붉은색은 블루 제트 발생 이후 농도가 짙어진 것을 나타내며, 파란색은 블루 제트 발생 이후 농도가 옅어진 것을 나타낸다. © F. J. Perez-Invernon/JGR Atmospheres

2024
노벨 과학상

이충환

서울대 천문학과를 졸업한 뒤 동 대학원에서 천문학 석사학위를 받고, 고려대 과학기술학 협동과정에서 언론학 박사학위를 받았다. 천문학 잡지 《별과 우주》에서 기자 생활을 시작했고 동아사이언스에서 《과학동아》, 《수학동아》 편집장을 역임했으며, 현재는 과학 콘텐츠 기획·제작사 동아에스앤씨의 편집위원으로 있다. 옮긴 책으로 『상대적으로 쉬운 상대성이론』, 『빛의 제국』, 『보이드』, 『버드 브레인』 등이 있고 지은 책으로는 『블랙홀』, 『칼 세이건의 코스모스』, 『반짝반짝, 별 관찰 일지』, 『재미있는 별자리와 우주 이야기』, 『재미있는 화산과 지진 이야기』, 『지구온난화 어떻게 해결할까?』, 『십 대가 꼭 알아야 할 기후변화 교과서』, 『미세먼지 어떻게 해결할까?』, 『챗GPT 기회인가 위기인가(공저)』 등이 있다.

2024년 노벨 과학상은 AI 머신러닝 토대, 단백질 구조 설계·예측, 마이크로RNA 발견에

2024년 12월 7일 스웨덴 스톡홀름 한림원에서 노벨 문학상 수상자 한강 작가가 '빛과 실'이라는 제목으로 강연했다.

© Anna Svanberg/Nobel Prize Outreach

2024년 10월 10일은 기억할 만한 날이다. 그날 저녁 노벨 문학상 수상자로 한강 작가가 선정됐기 때문이다. 한강 작가는 2000년 노벨 평화상을 받은 김대중 대통령 이후 노벨상을 받은 2번째 한국인이다. 노벨 문학상으로 좁히면 한국인 최초, 아시아 여성 최초라는 수식어가 붙는다. 국내에서는 "살아생전 노벨상 수상작을 원어로 읽게 되다니 너무나 감격스럽다"는 반응이 나오면서 한강 작가의 작품이 날개 돋친 듯 팔리는 노벨상 신드롬이 일었다.

한강 작가의 노벨 문학상으로 우리의 주목을 받았던 2024년 노벨상. 노벨 물리학상, 화학상, 생리의학상을 중심으로 자세히 살펴보자.

✦ 인공지능(AI), 노벨 과학상 분야에서 두각 나타내

2024년 노벨상은 11명과 1개 단체에 돌아갔다. 화학상, 경제학상 수상자가 각각 3명이었고, 생리의학상, 물리학상 수상자가 각각 2명이었으며, 문학상 수상자가 1명이었고, 평화상은 1개 단체가 수상했다.

이번 노벨상의 가장 큰 특징은 인공지능(AI)이 노벨 과학상 분야에서 두각을 나타냈다는 점이다. 즉 노벨 물리학상 수상자로 AI 머신러닝 분야의 연구자들, 화학상 수상자로 단백질 구조 분석 AI 개발자들이 각각 선정됐다. AI를 포함한 컴퓨터과학은 응용 학문이라 노벨상과 거리가 있다고 간주됐기 때문에 일부에서는 의외라는 반응도 나왔다. 사실 컴퓨터과학 분야에는 '이 분야의 노벨상'이라 일컫는 튜링상이 있기 때문이다. 현대 컴퓨터과학의 아버지 격인 앨런 튜링의 이름을 딴 이 상은 컴퓨터과학 분야에서 세계적으로 권위 있는 상으로 알려져 있다.

노벨위원회에서 2024년 노벨 과학상 분야에 AI를 전면에 내세운 이유는 최근 AI가 이끄는 융합 분야 성과를 무시하기 힘들었기 때문이기도 하

| 한눈에 보는 2024년 노벨 과학상 수상자 7인 |

구분	수상자(소속)	업적
물리학상	존 홉필드(미국 프린스턴대) 제프리 힌턴(캐나다 토론토대)	인공지능(AI) 머신러닝(기계학습)의 토대 마련
화학상	데이비드 베이커(미국 워싱턴대) 데미스 허사비스(구글 딥마인드) 존 점퍼(구글 딥마인드)	단백질 설계 프로그램 및 단백질 구조 예측 인공지능(AI) 모델 개발
생리의학상	빅터 앰브로스(미국 매사추세츠의대) 게리 러브컨(미국 하버드대 의대)	마이크로RNA(miRNA) 발견

다. AI는 단순한 도구가 아니라 다양한 학문의 경계를 뛰어넘어 융합을 촉진하는 핵심 기술로 잡았다는 뜻이다. 이번 노벨상 수상으로 AI는 연구방법론을 혁신하고 새로운 과학적 발견을 가능하게 만드는 주요 도구로 인정받게 된 셈이다.

✦ 노벨 물리학상, AI 머신러닝의 토대를 마련하다

왼쪽부터 존 홉필드, 제프리 힌턴.
© Nanaka Adachi/Nobel Prize Outreach

2024년 노벨 물리학상은 인공지능(AI) 머신러닝(기계학습)의 초기 모델을 고안한 과학자 두 명에게 주어졌다. 미국 프린스턴대의 존 홉필드 교수와 캐나다 토론토대의 제프리 힌턴 교수가 그 주인공들이다.

노벨위원회는 인공신경망(ANN)을 통한 머신러닝을 가능하게 만드는 기초적 발견을 한 공로라고 선정 이유를 설명했다. 인공신경망은 AI가 복잡한 계산을 하는 데 이용하는 알고리즘인데, 사람의 뇌 신경망이 작용하는 방식을 본떠서 만들었다. 인공신경망을 이용한 머신러닝은 현재 사람 능력을 뛰어넘는 AI 작업능력의 핵심 요소로 손꼽힌다.

홉필드 교수는 '홉필드 네트워크'를 제안하면서 인공신경망 연구의 초석을 다졌다는 평가를 받았고, 힌턴 교수는 홉필드 네트워크를 학습할 수 있는 알고리즘을 개발해 현대 생성형 AI의 토대를 쌓았다는 평가를 받았다. 두 사람의 AI 연구에는 물리학 원리가 놓여 있다. 홉필드 교수가 개발한 네트워크는 물리학에서 원자의 스핀(각 원자를 작은 자석으로 만드는 속성) 때문에 물질의 특성이 전이하는 특성을 활용했고, 힌턴 교수는 통계물리학을 활용해 기계를 학습시키는 '볼츠만 머신'을 개발했다.

원자 스핀에 착안해 '홉필드 네트워크' 구상

과학자들은 인공신경망을 구현하기 위해 정교한 정보처리 알고리즘을 찾고자 인간의 뇌에 주목하게 됐다. 인간 뇌에서 신경세포(뉴런)가 정보를 주고받으며 신경세포 간에는 시냅스로 연결되는데, 인공신경망에서는 서로 다른 값을 갖는 노드(연결점)가 신경세포 역할을 하고, 긱 노드의 연결이 시냅스에 해당한다. AI 학계에서는 노드 연결이 정보를 처리할 수 있는 최적의 상태를 찾는 것이 주된 과제였다.

1980년대 홉필드 교수는 스핀이 이웃한 원자에 서로 영향을 주고받는 것에 착안해 '홉필드 네트워크'를 구상했다. 생물학을 연구하면서 뉴런 기능을 수학적 구조로 풀어내는 연구를 하게 된 그는 정보가 한 방향으로 흐르는 것(선형 구조)이 아니라 피드백 루프를 포함하는 비선형 구조로 흐르는 신경망을 구성해 홉필드 네트워크를 1982년 논문으로 발표했다. 홉필드 네트워크는 인공신경망의 하나인 순환 신경망(RNN)의 초기 모델이라고 평가받는다.

홉필드 네트워크는 간단히 말해 패턴을 효율적으로 기억하고 다루는 방법이다. 다양한 방식의 패턴을 기억하고 새로운 데이터가 등장했을 때 기존에 학습된 기억을 바탕으로 이것이 어떤 패턴에 가까운지 추정하는 데 효과적이다. 특히 홉필드 네트워크는 노이즈가 포함돼 있거나 부분적으로 지워진 데이터를 다시 생성하는 데 이용할 수 있다. 이는 현재 생성형 AI 시대를 연 인공신경망 기술의 토대가 됐다.

힌턴, '볼츠만 머신' 발명해 생성형 AI 개발에 기여

다음으로 힌턴 교수는 동료인 신경과학자 테런스 세즈노스키 교수와 함께 홉필드 네트워크를 확장하는 과정에서 통계물리학의 아이디어를 이용했다. 통계물리학은 기체 분자처럼 많은 유사 요소로 구성된 시스템을 설명하는 학문 분야다. 기체 속 개별 분자를 모두 추적하기는 어렵지만, 이들 분

다른 유형의 인공신경망

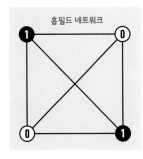

존 홉필드의 연상 기억은 모든 노드가
서로 연결되도록 형성됐다. 정보는
모든 노드에서 입력되고 판독된다.

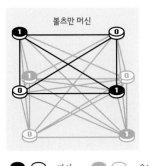

가시   은닉
노드   노드

제프리 힌턴의 볼츠만 머신은 종종 2개의
층으로 구성되며, 여기서 정보는 가시
노드의 층을 이용해 입력되고 판독된다.
이것들은 은닉 노드에 연결되어 있으며,
이는 네트워크 전체가 작동하는 방식에
영향을 미친다.

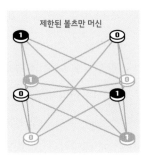

제한된 볼츠만 머신에서는 동일한
층의 노드 간에 연결이 없다. 머신들은
연쇄적으로 잇달아 사용되는 경우가 많다.
첫 번째 제한된 볼츠만 머신을 훈련한 뒤
은닉 노드의 내용은 다음 머신을 훈련하는
데 사용되는 식이다.

자를 전체적으로 고려해 압력, 온도 같은 특성을 파악할 수는 있다. 통계물리학에서는 개별 요소가 함께 존재할 때 각각의 에너지를 가질 확률을 보여주는데, 이는 19세기 오스트리아 출신 물리학자 루트비히 볼츠만이 제시한 방정식으로 설명된다.

1985년 힌턴 교수와 세즈노스키 교수는 볼츠만 방정식을 홉필드 네트워크에 접목한 확률적 순환 신경망인 '볼츠만 머신'을 발명했다. 볼츠만 머신은 주어진 데이터에서 패턴을 발견하고 이를 확률적으로 계산해 결과를 내놓는데, 지금의 생성형 AI의 전신이라 할 수 있다. 볼츠만 머신에 특정 데이터를 학습시키면 새로운 데이터에서 익숙한 패턴을 발견해낸다. 더 나아가 볼츠만 머신은 기존의 단층 신경망과 달리 은닉층을 포함한 다층 신경망 모델로 제안됐다. 은닉층을 활용한 볼츠만 머신은 알고리즘의 계산 효율을 높이고 네트워크가 최적 상태를 유지할 수 있도록 했다. 볼츠만 머신의 등장으로 인공신경망을 겹겹이 쌓을 수 있게 됐고, 이는 딥러닝으로 연결됐다. 덕분에 생성형 AI 개발도 가능해졌다.

힌턴 교수는 창업한 AI업체 DNN리서치가 2013년 구글에 인수된 뒤 구글 소속으로 연구 활동을 하다가 2023년 AI의 위험성을 알리고자 사표를 내기도 했다. 한편 힌턴 교수의 제자들은 AI업계 최전선에서 기술 발전을 주도하고 있다. 메타 수석AI과학자 얀 르쿤, 오픈AI 공동 창업자인 일리야 수츠케버, 딥마인드의 알렉스 그레이브스, 애플의 AI 연구책임자로 일한 루슬란 살라후티노프 등이 대표적이다.

◆ 노벨 화학상, 단백질 구조 설계하고 AI로 구조 예측하다

2024년 노벨 화학상은 인간에게 유용한 단백질 구조를 설계하고 AI로 단백질 구조를 예측하는 데 공헌한 과학자 세 명에게 주어졌다. 미국 워싱턴대의 데이비드 베이커 교수, 구글 딥마인드의 데미스 허사비스 최고경영자(CEO)와 존 점퍼 수석연구원이 그 주인공들이다.

노벨위원회는 단백질의 놀라운 구조에 대한 코드를 해독한 공로라고 선정 이유를 설명했다. 베이커 교수는 단백질 설계의 새로운 길을 열었고, 허사비스 CEO와 점퍼 연구원은 단백질 구조를 AI로 예측했다고 평가받았다.

베이커, 컴퓨터로 인공 단백질 처음 설계해

단백질은 20가지의 아미노산이 사슬로 연결되는데, 사슬이 꼬이고 얽히며 접히는 현상이 발생하고 복잡한 입체 구조를 이룬다. 주어진 아미노산 서열로 만들 수 있는 단백질의 구조를 파악하면 이 단백질이 생체 내에서 어떤 기능을 하는지 이해할 수 있다. 또 구조를 바꾸면서 원하는 기능을 하는 단백질을 설계하는 일도 가능하다.

1990년대 베이커 교수는 아미노산 서열로부터 단백질의 3차원 구조를 예측하는 방법을 탐구하면서 컴퓨터 프로그램 '로제타(Rosetta)'를 개발하기 시작했다. 이 프로그램을 이용해 단백질 구조를 예측하는 연구를 하던 중

알파폴드2가 단백질 구조를
예측하는 단계

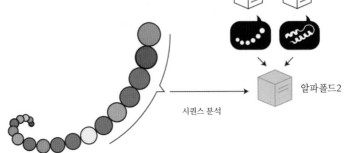

**1단계 : 데이터 입력 및
데이터베이스 검색**

알파폴드2에 입력된 단백질의
아미노산 서열 정보를 이용해
데이터베이스에서 유사한
단백질 서열과 구조를 검색한다.

시퀀스 분석

데이터베이스

알파폴드2

2단계: 서열 분석

AI 모델은 서로 다른 생물 종에서 유사한 아미노산
서열을 정렬하여 진화 과정에서 변하지 않고 보존된
부위를 분석한 뒤, 단백질의 3D 구조에서 특정
아미노산들이 공진화하는 특징을 발견한다. 공진화된
아미노산들은 전하나 소수성의 변화를 통해 안정적인
구조를 형성하며, 이를 바탕으로 아미노산 간의 거리를
예측해 단백질의 구조적 연결성을 시각화한 거리 맵을
생성한다.

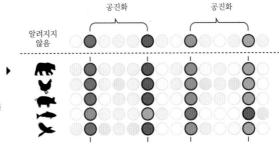

공진화 공진화

알려지지
않음

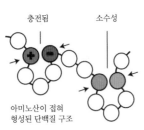

충전됨 소수성

아미노산이 접혀
형성된 단백질 구조

이 분석을 사용해
아미노산의 구조가
얼마나 가까운지
추정하는 거리 맵 생성

거리 지도

가장 먼(따로 있는)   가장 가까운

아미노산

3단계: AI 분석

앞서 아미노산 서열 분석을 통해
구조적 관계를 확인한 뒤, AI 분석으로
단백질 구조를 예측한다. 트랜스포머
신경망을 활용하여 아미노산 간
상호작용과 거리 정보를 반복적으로
조정하며, 예측의 정확도를 점점
높여간다.

4단계: 가상 단백질 구조 생성

아미노산을 조합하고 경로를
최적화하여 가상의 단백질 구조를
생성한다. 세 번의 사이클을 거치며
점차 정교하고 신뢰할 수 있는 최종
구조를 도출한다.

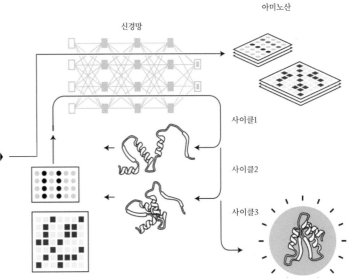

신경망

사이클1

사이클2

사이클3

© Johan Jarnestad/The Royal Swedish Academy of Sciences

2024년 노벨 화학상을 수상한 데이비드 베이커, 데미스 허사비스, 존 점퍼(왼쪽부터).

© Nanaka Adachi/Nobel Prize Outreach

새로운 아이디어가 떠올랐다. 아미노산 서열로부터 구조를 예측해 단백질의 기능을 연구하는 것이 아니라 원하는 기능을 할 수 있는 구조를 찾은 뒤이에 알맞은 아미노산 서열을 설계할 수 있겠다는 내용이었다.

베이커 교수는 2003년 기존에 존재하지 않았던 '완전히 새로운 기능을 가진 단백질'을 설계하고 로제타로 그 구조에 해당하는 아미노산 서열을 알아내는 데 성공했다. 이 서열에 대응하는 유전자를 박테리아에 넣어 새로운 단백질(Top7)을 만들고, 이 구조가 컴퓨터로 설계한 구조와 매우 비슷하다는 것을 확인했다. 컴퓨터로 설계한 인공 단백질이 처음 탄생하는 순간이었다. 그가 컴퓨터로 단백질을 설계하는 방법은 분자 역학 모델을 이용해 분자의 구조를 예측하고 설계하는 방법이었다.

알파폴드2, 단백질 구조 예측 정확도 대폭 높여

이후 베이커 교수는 꾸준히 단백질 설계 연구를 진행했지만, 정확한 단백질 구조 예측 기술이 없었기 때문에 이는 연구의 걸림돌로 작용했다. 사실 연구자들은 1970년대부터 단백질 구조를 예측하려고 노력했지만, 아미노산 종류와 상호 작용, 주변 환경 조건에 따라 접히는 모양이 달라져 쉽지 않았다. 단백질 구조 예측 문제는 계산생물학 분야에서 꽤 오랜 기간 난제로 여겨졌다.

이 난제를 해결하는 데 허사비스 CEO와 점퍼 연구원이 앞장섰다. 두 사람은 2018년 AI를 이용해 단백질 구조를 예측하는 '알파폴드'를 발표했다. 알파폴드는 단백질 데이터베이스를 바탕으로 단백질의 진화 정보를 활용해 단백질의 3차원 구조를 예측하는 방식이다. 2020년엔 첫 버전을 업그레이드한 알파폴드2를 발표했다. 알파폴드2는 단백질 구조 예측의 정확도를 60%에서 90%로 대폭 끌어올렸다. 두 사람은 AI를 이용해 아미노산 서열로부터 단백질 3차원 구조를 예측하는 데 성공했는데, 2억 개에 이르는 모든 단백질의 구조를 예측했다.

이후 많은 연구자가 알파폴드를 이용해 단백질 연구를 하고 있다. 베이커 교수 연구팀은 2018년 알파폴드 초기 버전을 접한 뒤 독자적인 단백질 구조 예측 AI '로제타폴드'를 개발하기도 했다. AI가 마련해준 돌파구 덕분에 단백질 구조를 높은 정확도로 예측할 수 있게 됐고, 원하는 기능을 하는 새로운 단백질을 설계할 수 있게 됐다. 이 기술을 이용하면, 질병 치료 의약품, 백신, 초소형 센서 등으로 이용될 수 있는 단백질을 설계할 수 있다.

◆ 노벨 생리의학상, 마이크로RNA를 발견하다

2024년 노벨 생리의학상은 단일 가닥 염기 20여 개로 구성된 '마이크로RNA(miRNA)'를 발견한 두 과학자에게 돌아갔다. 미국 매사추세츠의대 빅터 앰브로스 교수와 미국 하버드대 의대 게리 러브컨 교수가 그 주인공들이다.

스웨덴 카롤린스카 의대 노벨위원회는 다세포 생물의 발달과 기능에 중요한 역할을 하는 miRNA를 발견한 공로를 인정했다면서 두 사람이 miRNA 발견을 통해 유전자 발현 조절에 관한 연구 패러다임을 바꿨다는 점을 높이 평가했다. 노벨위원회는 특히 이 발견은 모든 복잡한 생명체에서 필수적인 유전자 발현에 새로운 관점을 더했다고 밝혔다.

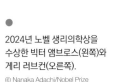
2024년 노벨 생리의학상을 수상한 빅터 앰브로스(왼쪽)와 게리 러브컨(오른쪽).
ⓒ Nanaka Adachi/Nobel Prize Outreach

유전자 발현을 조절하는 새로운 원리

인체는 수많은 세포의 집합체다. 피부 세포, 근육 세포, 신경 세포, 면역 세포 등은 크기와 형태가 다양하며 제각기 고유의 기능을 한다. 모든 세포의 설계도는 세포핵에 들어 있는 DNA에 저장돼 있는데, 한 사람의 몸속 세포들은 동일한 DNA 설계도로 만들어진다. 그 비결은 세포 내 유전자 발현 조절에 있다.

유전자는 DNA 설계도에서 하나의 기능을 하는 단위를 말하는데, 각 유전자는 전령RNA(mRNA)를 거쳐 단백질로 형성된다. 세포 내에 어떤 단백질이 얼마나 만들어지는가에 따라 각 세포의 크기, 형태, 기능이 결정된다. 예를 들어 근섬유 단백질이 많이 형성되면 근육 세포로 발달하는 식이다. 유전자 발현 조절을 통해 근섬유를 생산하는 mRNA의 발현을 늘리면 된다. 이처럼 mRNA 발현을 조절하는 방식을 '전사인자를 통한 유전자 발현 조절'이라고 말한다. 이 메커니즘을 발견한 프랑수아 자코브와 자크 모노는 1965년 노벨 생리의학상을 받았다. 이는 한동안 유전자 발현 조절을 설명하는 유일한 메커니즘으로 간주됐다.

하지만 이후 이와 다르게 유전자 발현을 조절하는 새로운 원리가 밝혀졌다. 마이크로(mi)RNA가 그중 하나다. miRNA는 20여 개의 뉴클레오타이드로 구성된 작은 RNA다. 뉴클레오타이드는 DNA, RNA 같은 핵산을 구성하는 단위로, 인산, 당, 염기의 결합으로 이뤄져 있다.

예쁜꼬마선충에서 miRNA 최초 발견

1993년 앰브로스 교수와 러브컨 교수 두 사람은 길이가 1mm에 불과한 선형동물인 예쁜꼬마선충을 연구하는 과정에서 miRNA를 처음 발견했다. 먼저 앰브로스 교수는 예쁜꼬마선충의 발달 과정에 관여하는 lin-4와 lin-14 유전자를 연구하다가 lin-4 유전자가 lin-14 유전자의 발현을 억제한다는 점을 확인했다. 비슷한 시기에 러브컨 교수 또한 예쁜꼬마선충에서 lin-14

예쁜꼬마선충에서 마이크로RNA 발견

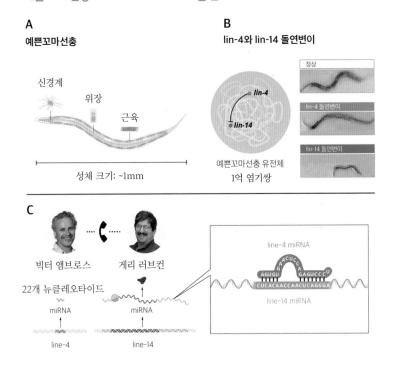

A
예쁜꼬마선충

신경계
위장
근육

성체 크기: ~1mm

B
lin-4와 lin-14 돌연변이

lin-4
lin-14

예쁜꼬마선충 유전체
1억 염기쌍

정상
lin-4 돌연변이
lin-14 돌연변이

C
빅터 앰브로스   게리 러브컨

22개 뉴클레오타이드

miRNA   miRNA

line-4   line-14

line-4 miRNA
line-14 miRNA

AGUGU ACUCC A GAGUCCC U
CUCACAACCAACUCAGGGA

(A) 예쁜꼬마선충은 다양한 세포 유형의 발달 과정을 이해하는 데 중요한 모델동물이다.

(B) 앰브로스 교수와 러브컨 교수는 lin-4와 lin-14 유전자의 관계를 연구했다. 앰브로스 교수는 lin-4 유전자가 lin-14 유전자를 억제하는 것을 발견했다.

(C) 두 사람은 lin-4 유전자가 단백질을 암호화하지 않는 작은 RNA, 즉 miRNA를 만들어 낸다는 사실을 알아냈다. lin-4 miRNA의 서열은 lin-14 mRNA의 서열과 상보적으로 일치하며, 이를 이용해 lin-14 mRNA와 결합해 lin-14의 단백질 합성을 막는다.

유전자를 연구했는데, lin-14 유전자가 mRNA가 만들어진 뒤에 조절된다는 점을 확인했다. 두 사람은 서로의 연구 결과를 분석한 결과, lin-4의 짧은 RNA가 lin-14 유전자의 mRNA에 결합해 유전자 발현을 억제한다는 결론을 내렸다. 마침내 lin-4가 단순한 유전정보 전달자가 아니라 유전자 발현을 조절하는 중요한 요소, 즉 마이크로(mi)RNA임이 밝혀졌다.

이후 두 사람은 예쁜꼬마선충에서 let-7이라는 miRNA를 찾아냈다. 놀랍게도 이런 miRNA는 초파리, 제브라피시, 인간 등 다양한 생물에서 발견됐다. 그동안의 연구 자료에 따르면, 271개 생물에서 4만 8860개의 miRNA 유전자 서열이 발견됐고, 사람 유전체에는 1000개 이상의 miRNA가 존재하는 것으로 확인됐다. 결국 miRNA가 다양한 생물의 유전자를 조절하는 보편적인 역할을 한다는 사실이 입증된 셈이다.

두 사람의 연구성과 덕분에 miRNA가 유전자 발현 조절자로서 인간을 비롯한 생물에서 세포 발달, 분화, 질병 진행 과정에서 중요한 역할을 한다는 것이 알려졌다. 특히 암, 심혈관질환, 신경계 질환 등 다양한 질병이 발생하고 진행하는 과정에 miRNA가 관여한다는 사실도 밝혀졌다. 이는 miRNA 발현 패턴이 질병 바이오마커로 사용돼 진단 및 치료 전략에 응용할 수 있다는 사실을 뜻한다.

◆ 2024년 이그노벨상

포유류가 항문을 통해 호흡할 수 있다?! 지역에 따라 머리카락이 난 방향이 다르다?! 동전을 던질 때 앞면과 뒷면이 나올 확률이 똑같지 않다?! 이처럼 별난 연구를 한 과학자들이 2024년 34회 '이그노벨상'을 받았다.

2024년 9월 12일 미국 매사추세츠공대(MIT)에서 진행된 34회 이그노벨상 시상식.
© improbable.com

'괴짜 노벨상'이라 불리는 이그노벨상은 1991년부터 미국 하버드대의 유머 과학잡지 《황당무계 연구연보(Annals of Improbable Research)》에서 매년 전 세계 연구 가운데 가장 기발한 연구를 선별해 수여한다.

2024년에도 10개 부문에 걸쳐 수상자를 발표했다. 해마다 수상 분야가 약간씩 바뀌는데, 2024년에는 생리학, 인구학, 의학, 물리학, 화학, 식물학, 해부학, 통계학, 평화, 생물학 분야에서 수상자를 발표했다. 주요 분야의 연구성과를 살펴보자.

생리학상: 포유류는 항문으로도 숨쉰다

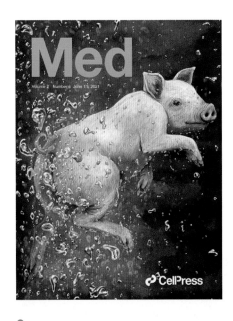

일본 연구진의 포유류 항문 호흡 연구 논문이 실린 국제학술지 《메드》 표지.
ⓒ Med/Cell Press

포유류가 항문을 통해 호흡할 수 있다?! 일본 도쿄 치의학대 연구진이 생쥐와 돼지를 대상으로 실험한 결과 이들 포유류가 직장을 통해 전달되는 산소를 흡수할 수 있다는 사실을 밝혀내 2021년 국제학술지 《메드(Med)》에 표지 논문으로 발표했다. 연구진은 이 연구성과로 2024년 생리학 부문 이그노벨상을 차지했다.

연구진은 미꾸라지 같은 수생동물이 산소가 부족한 상황에서 창자를 통해 호흡한다는 사실에 주목하고 사람 같은 포유류도 가능한지 알아보는 실험을 했다. 이 연구에 참여한 다케베 다카노리 박사가 폐 질환을 앓고 있는 아버지의 치료법을 고민하던 것이 연구의 발단이 됐다. 코로나19 팬데믹 시기에 인공호흡기가 부족한 호흡부전 환자들을 돕기 위한 목적도 있었다.

이들은 액체 형태의 산소를 포유류 항문에 주입하면 혈류로 직접 산소를 공급할 수 있다는 사실을 실험으로 알아냈다. 연구진은 폐를 통한 호흡만으로 산소 공급이 충분하지 못하거나 인공호흡기가 부족할 때 이 방법을 사용할 것으로 기대했다. 실제로 연구진은 항문 호흡 장치를 개발하기 위한 회사도 설립했고, 사람을 대상으로 임상시험 계획도 발표했다.

해부학상: 머리카락 난 방향이 다르네?!

사람 머리의 윗부분인 정수리 쪽에 있는 머리카락이 배열된 모양을 살펴보면, 머리털이 한 곳(정수리)을 중심으로 빙 돌며 나와서 소용돌이 모양으로 된 부분이 있다. 이를 가마라고 한다. 프랑스와 칠레 공동 연구진이 사람이 사는 지역에 따라 가마 부분에서 머리카락이 난 방향이 다르다는 연구 결과를 발표해 2024년 해부학 부문 이그노벨상을 받았다.

연구진은 프랑스와 칠레에 사는 어린이들을 대상으로 가마의 방향을 조사했다. 조사 결과 남반구든 북반구든 사람들의 머리카락 가마는 주로 시계 방향으로 휘어져 있지만, 남반구에서는 가마가 시계 반대 방향으로 휘어진 경우가 상대적으로 더 많았다고 한다.

통계학상: 동전 던지기 확률은 50 : 50이 아니다?!

동전을 던질 때 앞면과 뒷면이 나올 확률은 얼마나 될까? 수학에서 일반적으로 각각의 확률이 50%라고 설명하지만, 동전을 35만 번 던지면 결과는 어떻게 나올까?

네덜란드 암스테르담대학 연구진은 총 48명이 참여해 81일 동안 35만 757번 동전을 던진 결과, 처음 던질 때와 같은 면으로 동전이 떨어질 확률이 절반(50%)보다 0.8% 더 크다고 발표했다. 다시 말해 동전을 던졌을 때 앞면과 뒷면이 나올 확률이 똑같지 않다는 뜻이다. 미국 수학자 퍼시 디아코니스가 동전을 던졌을 때 처음 나온 면이 나올 확률이 약간 더 높다는 가설을 세웠는데, 이를 '디아코니스 가설'이라고 한다. 이 가설을 증명한 연구진은 공중에 던져진 동전이 완전히 무작위적으로 도는 게 아니라 약간 비틀리면서 돌아 이런 결과가 나온 것으로 추정했다. 연구진은 이 연구성과로 2024년 통계학 부문 이그노벨상을 받았다.

이 외에도 화학상은 크로마토그래피를 사용해 술에 취한 벌레와 취하지 않은 벌레를 분리한 네덜란드와 프랑스 연구진에, 식물학상은 칠레에 서

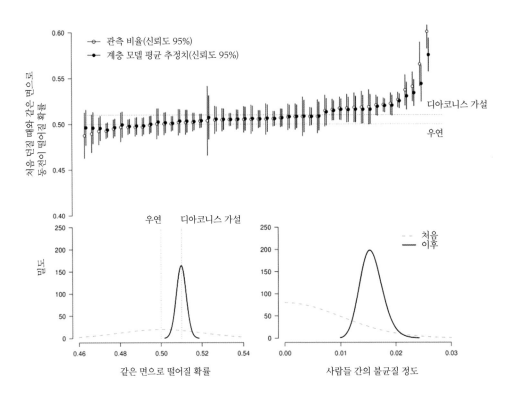

처음 던질 때와 같은 면이 또 동전이 떨어질 확률

- ○ 관측 비율(신뢰도 95%)
- ● 계층 모델 평균 추정치(신뢰도 95%)

디아코니스 가설

우연

밀도

우연   디아코니스 가설

250
200
150
100
50
0

0.46   0.48   0.50   0.52   0.54

같은 면으로 떨어질 확률

250
200
150
100
50
0

--- 처음
── 이후

0.00   0.01   0.02   0.03

사람들 간의 불균질 정도

● 네덜란드 연구진이 진행한 동전 던지기 실험에서 같은 면이 나올 확률.

© Journal of Stomatology, Oral and Maxillofacial Surgery

식하는 포도나무가 옆에 있는 인공 플라스틱 식물 잎의 모양을 모방한다는 사실을 밝혀낸 미국과 독일 연구진에 각각 주어졌다. 또 물리학상은 죽은 송어도 물 흐름에 맞춰 꼬리를 흔들며 수영을 한다는 사실을 밝힌 미국 플로리다대 연구진이, 의학상은 고통스러운 부작용을 유발하는 가짜약이 부작용이 없는 가짜약보다 환자에게 더 효과적일 수 있다는 사실을 알아낸 스위스, 독일, 벨기에 연구진이 각각 차지했다. 아울러 인구학상은 100살 이상 장수한 노인에 대한 통계의 허구성을 알아낸 영국 옥스퍼드대 연구진이, 평화상은 제2차 세계대전 당시 '평화의 상징'인 비둘기를 전쟁 도구로 투입하는 연구를 진행한 미국의 유명한 심리학자 버러스 프레더릭 스키너가, 생물학상은 1940년 겁에 질린 젖소의 우유 생산량이 줄어든다는 연구를 발표한 미국의 엘리 포다이스와 윌리엄 피터슨이 각각 받았다. 평화상을 받은 스키너와 생물학상을 받은 두 사람은 사후 수상자다. 사망자에게 수여되지 않는 노벨상과 달리 이그노벨상은 죽은 뒤에도 수상할 수 있다는 점을 보여준다.